인간에게 있어

산림이란 무엇인가

황폐를 막고 재생의 길을 찾는다

스가와라 사토시 지음
정용호 · 박찬우 옮김

전파과학사

[옮긴이 소개]

정용호　程龍鎬

고려대학교 임학과 졸업. 일본 규슈(九州)대학에서 산림토양의 침식·붕괴방지 및 보전에 관한 내용으로 농학박사 학위를 받음. 현재 산림청 임업연구원 연구관, 산림수자원연구실장. 논문으로 「수목근계에 의한 사면안정성 유지메커니즘 해석」 등 다수 있음.

※ Ⅰ, Ⅱ, Ⅳ, Ⅴ, Ⅵ, Ⅶ, Ⅷ장 옮김.

박찬우　朴贊雨

강원대학교 임학과 졸업. 일본 니가타(新潟)대학에서 산림풍치해석에 관한 내용으로 농학박사 학위 받음. 현재 산림청 임업연구원 환경생태연구실에 근무중. 논문으로 「삼나무 인공림의 임내풍경의 평가에 관한 연구」 등 다수 있음.

※ Ⅲ, Ⅸ, Ⅹ장 옮김.

머리말

도쿄(東京)와 산악지대인 나가노현(長野縣)의 이나(伊那)에서, 각기 그곳에서 태어나 그곳에서 계속 살아온 사람들을 대상으로, 산림이라는 말에서 어떠한 풍경을 머리 속에 떠올리는지를 조사한 적이 있다. 그 결과 도쿄의 20대 이상의 사람들은 '예쁜 요정이 사는 숲', '그림(Jacob U. Wilhelm Grimm)동화에 나오는 숲', '동산에 사는 도깨비가 만든 숲', '원시림', '사람들의 발길이 닿은 적이 없는 산림' 등 공상적인 이미지를 가진 사람이 많았으며, 40대 이상의 사람들은 옛날에 놀았던 '도토리가 떨어져 있는 숲', '잡목림' 혹은 여행을 가서 보았던 '유럽의 산림', '호수를 에워싼 깊은 정적이 흐르는 숲' 등과 같은 '추억으로서의 산림'의 이미지를 갖고 있는 사람들이 많았다.

한편 이나에 살고 있는 20대 이상 사람들은 산림과의 관계를 대수롭지 않게 생각하고 있기는 하지만, 가까이에 있는 '소나무림'이나 등산로 주변의 '원시림'과 같이 '구체적인 산림'의 이미지를 가진 사람이 많았다. 또한 40대 이상의 사람들은 '정연하게 조림되어 있는 *산', '남벌(濫伐)된 산', '재해를 받은 산림', '삼나무 용재림', '작은 동산의 소나무림', '손질이 잘된 편백나무림', '졸참나무 연료림' 등과 같이 '친근하며 구체적인 산림'의 이미지를 가지고 있었다.

* 산이란 말로 산림을 표현하는 사람이 많다. 이와 같이 산과 산림은 같은 의미로 쓰이고 있다.

당연한 일이지만, 자신의 주변 가까이에 산림이 있는 나가노현의 이나에 사는 사람들은 구체적인 산림을 떠올리는 데 비하여, 도쿄에 사는 사람들은 상상 속의 산림을 떠올리며 현실의 산림을 떠올리는 경향이 적다. 따라서 도쿄에 사는 사람들은 현실로 존재하고 있는 산림에 대하여 알고 있는 사람은 대단히 적으며, 산림에 대해 잘 알지 못하더라도 산림에 대하여 충분히 이야기할 수 있는 시대가 된 것 같다.

최근 시레토코(知床)의 '원시림 벌채 반대운동'이나 도호쿠(東北) 지방의 세이슈(青秋)임도(林道)에서의 '너도밤나무림 보전운동' 등이 세간의 주목을 끌고 있다. 확실히 *원시림이나 *천연림은, 그곳에 서식하고 있는 동물들도 포함하여 귀중한 자원이며 그것들을 후손에게 남겨주는 것은 우리들의 의무이다. 그렇다고 원시림이나 천연림만이 귀중한 산림이라고 할 수는 없다. 진정한 의미의 원시림은 일본에 거의 없으며, 대부분 사람들의 손길이 가해진 것이다. 긴 세월 동안 인간과의 관계를 통하여 현재의 산림풍경이 만들어졌으며, 각기 모두 친숙한 산림풍경이기 때문에 원시림이나 천연림 이외의 산림도 역시 소중하다.

'원시림 모습 그대로의 자연을 지킨다'라고 하는 생태학적 사고가 틀린 것은 아니다. 그러나 이와 동시에 효율이 좋으며 생산성도 높은 산림으로 육성할 필요도 있다. 임업과 자연보호를 대립시키지 않고 양자를 조화시켜 간다는 생각이 국민공통의 의식으로 자리잡는 것이 바람직하다. 그렇게 되기 위해서는 산림에

*원시림 : 과거에 사람에 의한 피해를 한 번도 받지 않은 산림.

*천연림 : 인공림 이외의 모든 산림을 가리키는 말. 즉 조림과 육림에 사람의 손이 가해지지 않은 산림.

대한 공통적인 가치관이 국민 전체에 자리잡지 않으면 안된다.

예전에는, 산림이라는 것이 일상생활 속에서 없어서는 안되는 존재였으며, 그만큼 국민 전체의 산림에 대한 가치관에는 상당히 많은 공통점이 존재하였다. 그러나 현대사회에서는 산촌에 살건 도시에 살건 산림이 없어도 살아 갈 수가 있다. 그래서 바쁘게 일상생활을 하고 있을 때에는 그 존재를 잊어버리기 쉽다. 그러다가 바쁜 일에서 해방되어 홀가분하게 이런저런 생각을 할 여유가 생기면, 갑자기 산림이 자신의 앞으로 다가온다. 특히 도시에 사는 사람들은 이와 같은 상황에서 산림과 만나게 된다. 따라서 도시에 사는 사람들은 산림에 대하여 많은 상상을 하게 되며 산림에 대한 애정을 더해 가는 것이다.

지구상에는 각양각색의 산림이 있다. 산간 벽지에도 산림이 있고, 도시 속에도 산림이 있다. 따라서 머리 속에 떠올리는 숲의 이미지는 사람에 따라 전혀 다를 수도 있다.

또한 산림풍경에 대하여 풍토가 미치는 영향은 대단히 크다. 예를 들면, 자작나무나 가문비나무와 같은 나무가 두드러지게 눈에 띄는 홋카이도(北海道)의 산림과 소나무가 많은 간사이(關西) 지방의 산림은 각기 그 풍경이 전혀 다르다. 풍토가 다름에 따라 산림풍경이 다르다는 것은 지구 레벨에서 보면 더욱 확실해진다. 그러나 이와 동시에 독일의 슈바르츠발트(Schwerz Wald)라든가 프랑스의 보주(Vosges)같이, 자연조건은 거의 같은데도 나라가 달라지면, 즉 산림과 관계하고 있는 인간이 다르면 그 풍경도 판이하게 달라지는 경우도 있다. 어떠한 산림을 만들었는가, 또한 어떠한 산림을 아름답다고 하는지는 나라에 따라 서로 다르다. 그러므로 현존하는 산림풍경은 바로 각 나라의 문화를 표현하고 있다고 생각해도 된다.

일본은 예부터 세계에도 자랑할 만큼 그린(Green)이 풍부한 나라이며 산림문화의 나라, 나무문화의 나라라고 여겨왔다. 그래서 앞으로도 계속 그와 같은 나라로 남아 있기를 바라는 사람도 많다. 또 지금까지 목재생산만을 위한 존재로 생각되어져 왔던 산림도, 환경자원 혹은 문화자원으로서 폭넓은 '그린의 공간'으로 인식이 바뀌어져 있다. 그런 만큼 도시에 살고 있는 사람들 또한 앞으로는 산림을 가꾸는 일을 산촌에 살고 있는 산림소유자들에게 맡기고 그 혜택만을 받겠다는 자세를 버리지 않으면 안된다. 도시에 살고 있는 사람들과 산촌에 살고 있는 사람들이 협력하여 멋진 산림을 만들어가지 않으면 안되는 시대가 되었다. 그럼에도 불구하고 「산림환경에 대한 주민의식의 국제비교에 관한 연구」(1980)를 실행하였을 당시 "좋아하는 나무이름을 다섯 가지 들어보세요"라는 질문에 대해서, 도쿄에 사는 사람 가운데 다섯 가지를 답하지 못한 사람이 반수에 달하였는데, 수목에 대한 관심, 더욱이 산림에 대한 관심이 너무도 낮은 데에 놀라지 않을 수 없었다. 또 산촌에는 산림을 생활터전으로 하고 있는 사람이 많이 살고 있음에도, 이를 무시하고 "산림에는 절대로 손을 대서는 안된다"고 대답한 사람이 많은 데에도 놀랐다.

최근 들어 산림에 관한 이야기가 많이 거론되어 왔기 때문에, 이에 관한 논의가 충분하게 이루어져 개념이 모두 정립된 것처럼 보여질지 모르나, 아직도 산림은 불투명한 면이 많다. 따라서 현실의 산림을 올바르게 재인식하고 이해하며, 역사의 교훈을 통하여 배우면서 올바르게 산림과 교류하여 가는 것이 바람직한 것으로 생각한다.

이 책은 전문가나 산림 관계자보다도 주부, 학생이나 샐러리맨 같은 사람들, 특히 대도시에 살고 있어 일상적으로 산림과 접할 기회가 많지 않은 사람들에게 널리 읽혀지기를 기대하면서 펜을 놓는다. 그런데 임학(林學)에서 사용하고 있는 용어에는 일반인들이 알기 어려운 용어가 많다. 따라서 이 책에서는 전문용어를 가능한 한 알기 쉬운 말로 바꾸거나 주를 달아 해설을 하였지만, 그래도 알기 어려운 것이 있을지도 모르겠다. 그 점에 대해서는 독자 여러분의 양해를 구하고자 한다.

더욱이 이 책에는 공동연구를 계속하여 온 '산림환경연구회' 여러분의 연구성과를 많이 인용하였다. 또한 이 책은 전 통계수리(統計數理)연구소장이며, 현재는 방송대학 교수인 하야시(林知己夫) 선생의 지도로 햇빛을 보게 된 것이며, 특히 고단샤(講談社)의 고에다(小枝一夫) 씨와 후지이(藤井俊雄) 씨의 노력에 의해 책으로서의 체제가 정리될 수 있었다. 끝으로 연구 동료인 이마나가(今永正明) 씨, 다마이(玉井重信) 씨, 나카보리(中堀謙二) 씨, 와카바야시(若林達) 씨 등 여러분들로부터 아름다운 사진을 제공받았다. 이 모든 분들께 감사의 말씀을 드린다.

스가와라 사토시(菅原 聰)

차례

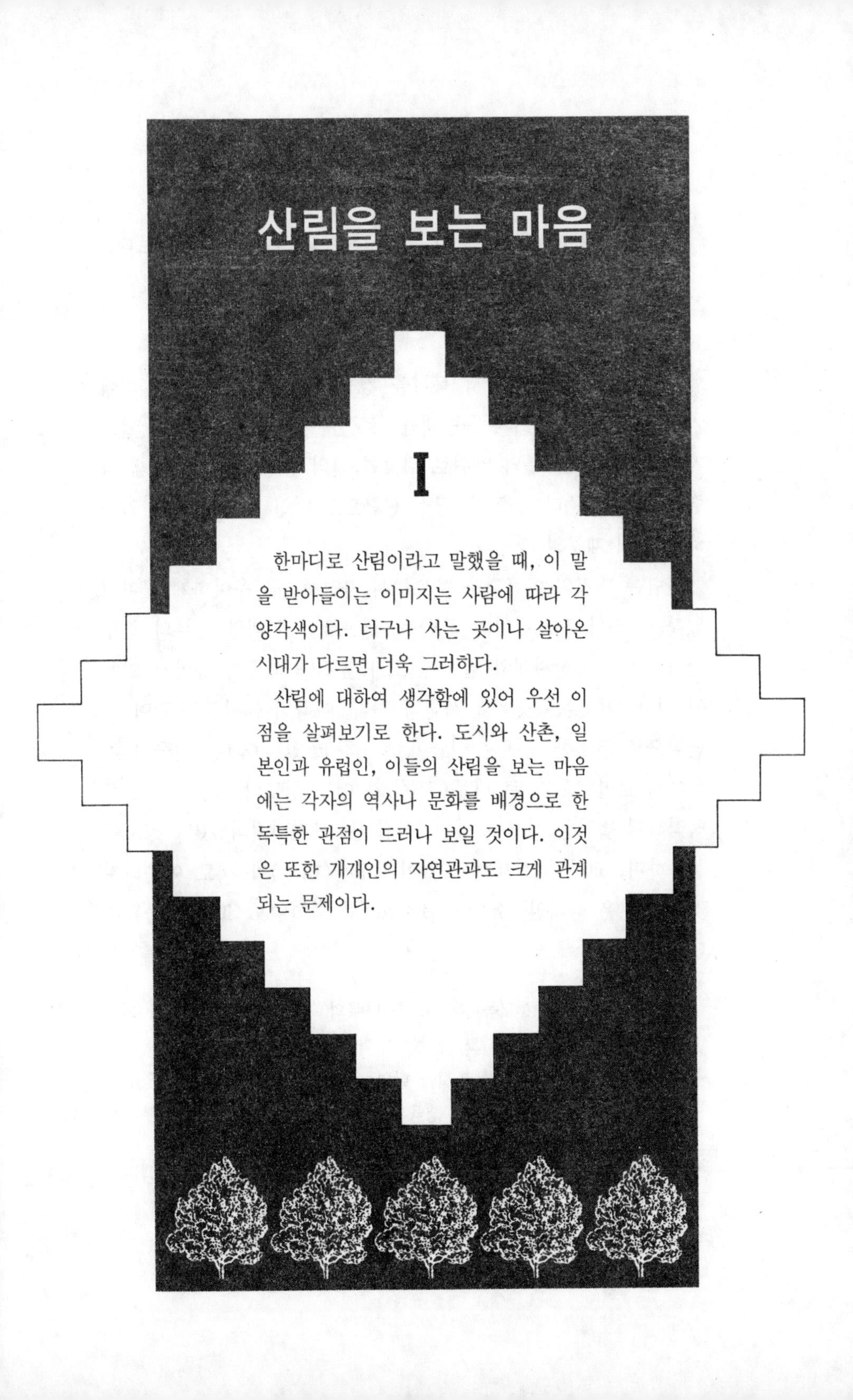

산림을 보는 마음

I

한마디로 산림이라고 말했을 때, 이 말을 받아들이는 이미지는 사람에 따라 각양각색이다. 더구나 사는 곳이나 살아온 시대가 다르면 더욱 그러하다.

산림에 대하여 생각함에 있어 우선 이 점을 살펴보기로 한다. 도시와 산촌, 일본인과 유럽인, 이들의 산림을 보는 마음에는 각자의 역사나 문화를 배경으로 한 독특한 관점이 드러나 보일 것이다. 이것은 또한 개개인의 자연관과도 크게 관계되는 문제이다.

1. 산림에 대해 느끼는 생각은 나라에 따라 다르다

천혜의 산림국 일본

나리타(成田) 공항에서 북극을 경유하여 헬싱키로 가는 비행기를 타고 북극를 거쳐 유럽대륙으로 들어갈 때, 눈 아래에 펼쳐지는 노르웨이 북부의 바위로 뒤덮인 산의 풍경은 우리들에게 강렬한 인상을 준다. 그것은 평소 산림으로 덮인 풍경에 눈이 익숙해져 있기 때문일 것이다.

산림은 대지의 아름다운 옷으로서 자연풍경을 우아하게 꾸미고 있다. 그러나 노르웨이의 북단부, 알프스산 일대와 일본의 중부 산악지대의 고산지대와 같이 위도가 높거나 해발이 높아서 기온이 지나치게 낮은 곳이나 사하라 사막, 아라비아 사막과 같이 극단적으로 건조한 곳에는 산림이 분포하고 있지 않다. 지구의 차원에서 보면 *키가 큰 나무(교목)가 어느 정도의 밀도 이상으로 빽빽하게 집단을 이루고 있는 '산림'은, 육지면적의 20% 정도에 불과하며, 교목이 산재하고 있어 *수관(樹冠)이 서로 어우러져 맞닿지 않은 상태인 '소생림(疎生林)'을 합하여도 30%에 불과하다.

*키가 큰 나무 : 교목(喬木). 즉 나무의 키가 어느 높이 이상 되는 키가 큰 나무를 말함. 그 높이는 명확히 정해져 있지 않으나, 유럽에서는 나무 아래를 사람이 걸어 다닐 수 있는 높이를 기준하여 5m 이상으로 되어 있음. 그러나 생육환경이 나쁜 곳은 교목성인 나무라도 5m가 되지 않는 경우도 있음.

*수관 : 나무 갓. 수목의 가지와 잎을 합한 부분이 관(冠) 모양을 하고 있기 때문에 이와 같이 부름.

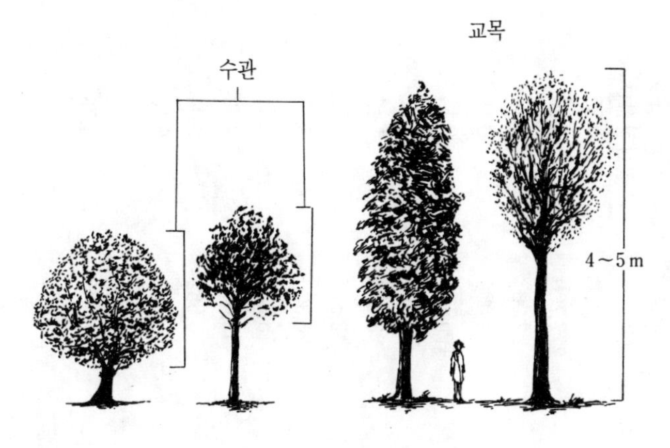

그림 I-1 교목과 수관

주요 국가의 *산림률을 표 I-1에서 보면 영국, 스위스, 미국, 독일 등과 같은 나라들은 30% 이하인 데 반하여, 일본은 67%로서 한국, 핀란드와 더불어 산림국이며 세계적으로도 드물게 산림의 혜택을 받은 나라이다. 천혜의 산림국가에서 살고 있기 때문에 산림에 대한 강한 애착심을 가지고 있는 사람이 있는가 하면, 혜택이 너무 많은 나머지 그 고마움을 모르고 관심도 없는 사람도 있다.

이 책은 인간과의 관계의 측면에서 산림의 여러 면을 살펴보는 것을 주제로 하고 있기 때문에 우선 '산림을 보는 마음'에 대하여 생각해 보고자 한다.

*산림률 : 총 국토면적에 대한 산림면적의 백분율임. 일반적으로 산림률이 높은 나라를 산림국이라고 부름.

표 I-1 세계 주요국가의 산림면적(「임업통계요람 1987」)

	총면적 (1000ha)	산림면적 (100ha)	산림률 (%)	인구 (만명)	한사람당 산림면적(ha)
〈세계〉	13,583,700	4,068,444	30	476,300	0.85
〈아시아〉	2,757,600	561,445	20	277,700	0.20
일본	37,778	25,198	67	12,002	0.21
한국	9,848	6,530	66	4,058	0.16
중국	959,696	130,865	14	105,155	0.12
〈북아메리카〉	2,424,900	661,209	27	39,500	1.67
미국	937,261	265,188	28	23,668	1.12
캐나다	997,614	326,129	33	2,515	12.97
〈남아메리카〉	1,783,200	928,643	52	26,300	3.53
브라질	851,197	567,710	67	13,258	4.28
〈유럽〉	493,700	155,292	31	49,000	0.32
영국	24,405	2,141	9	5,562	0.04
스위스	4,129	1,052	25	644	0.16
서독	24,858	7,328	29	6,118	0.12
핀란드	33,703	23,321	69	488	4.78
프랑스	54,703	14,594	27	5,494	0.27
〈아프리카〉	3,033,000	688,366	23	53,700	1.28
〈오세아니아〉	851,000	153,489	18	2,450	6.26

산림에 대한 의식의 국제비교

인간이 산림과의 만남을 통하여 느끼게 되는 감동은 동서를 불문하고 만국 공통일 것이다. 그러나 오랜 세월에 걸쳐 인간이 산림을 대하여 온 행태가 다르기 때문에 산림을 보는 마음은 나라마다 독특하게 형성되어 있다.

우리들이 실행하고 있는「산림의식에 대한 국제비교 연구」도, 아직 시작에 불과하여 해명된 것은 극히 일부로서 미해결 부분이 거의 대부분이다. 여기에서는 1980년에 독일에서, 1984년에는 핀란드에서 실행한「산림환경에 대한 주민의식 조사」의 결과를 가지고 핀란드인, 독일인 및 일본인의 산림에 대한 의식을 비교하여 보았다. 여기에서 비교대상국으로 핀란드와 독일을 선정한 것은 어떤 깊은 의미가 있어서가 아니다. 산림환경회의에 속해 있는 멤버의 대부분이 독일에서 공부한 바 있으며, 거기에서의 일상생활 속에서 독일인들이 산림을 마음으로부터 사랑하고 있다는 사실을 알고, 어째서 그러한가를 확실히 알고 싶다고 늘 생각하였기 때문에, 독일을 선정한 데 불과하다. 또한 핀란드를 선정한 이유는 산림률이 일본과 거의 비슷한 산림국이라는 점과, 대부분의 산림이 인공림인 독일과는 달리 천연림이 넓게 분포하고 있기 때문에 산림에 대한 의식이 독일과는 다르지 않을까 생각하였기 때문이다.

여행을 떠나고 싶은 곳

여행이라고 하는 것은 자기집을 나서서 다른 어떠한 곳으로 가는 행위로서 그 과정에서 여러가지 체험을 해가며 견문을 넓히고

자기발견의 계기를 갖게 되기도 한다. 그런 만큼 여행을 가는 행선지는 제각기 의미가 있는 것이라고 생각된다. 따라서 어떤 사람의 여행행선지를 알면 그 사람이 여행에서 무엇을 얻고자 하는지 추측도 가능하다고 생각한다.

여행을 가고 싶은 곳으로서, 독일에서는 '깊은 숲속', 핀란드에서는 '조용한 호숫가'와 '깊은 숲속'처럼 일상생활에서 접하고 있는 '자연'에 회답이 집중한 사실에 깊은 감명을 받았다. 일본에서는 여행의 행선지로서 산림을 연상하는 사람은 극히 적다. 즉 대다수의 사람은 일상생활에서 접해 보지 않은 좀 색다른 곳에 여행을 가고 싶다고 생각하고 있으며, '멀리 전망이 탁 트인 산'이 목적지가 되는 경우는 있어도 '깊은 숲속'은 그저 스쳐 지나가는 곳에 불과한 것으로 여기기 때문에 여행목적지로는 되지 않는 것 같다.

숲속에서의 산보

핀란드와 독일에서는 숲속에서 산보하는 것을 좋아하는 사람이 90%를 넘는다. 이들 나라에서는 일상생활에서 숲속을 산보하는 일은 없어서는 안되는 것으로 되어 있어서 사계절을 통하여 숲속을 산보하는 사람이 많다. 일본에서는 숲속을 산보하는 사람이 거의 눈에 띄지 않는데도, 60% 이상의 사람이 산림내의 산보를 좋아한다고 회답하였다. 핀란드나 독일 사람들은 실제의 체험에서 '좋아한다'고 회답하였다고 생각되나, 일본 사람들은 추상적인 관념으로 숲속의 산보를 좋아한다고 회답하였다고밖에 생각할 수 없다. 이러한 맥락에서 '싫어한다'고 한 회답에는 현실적인 맛이

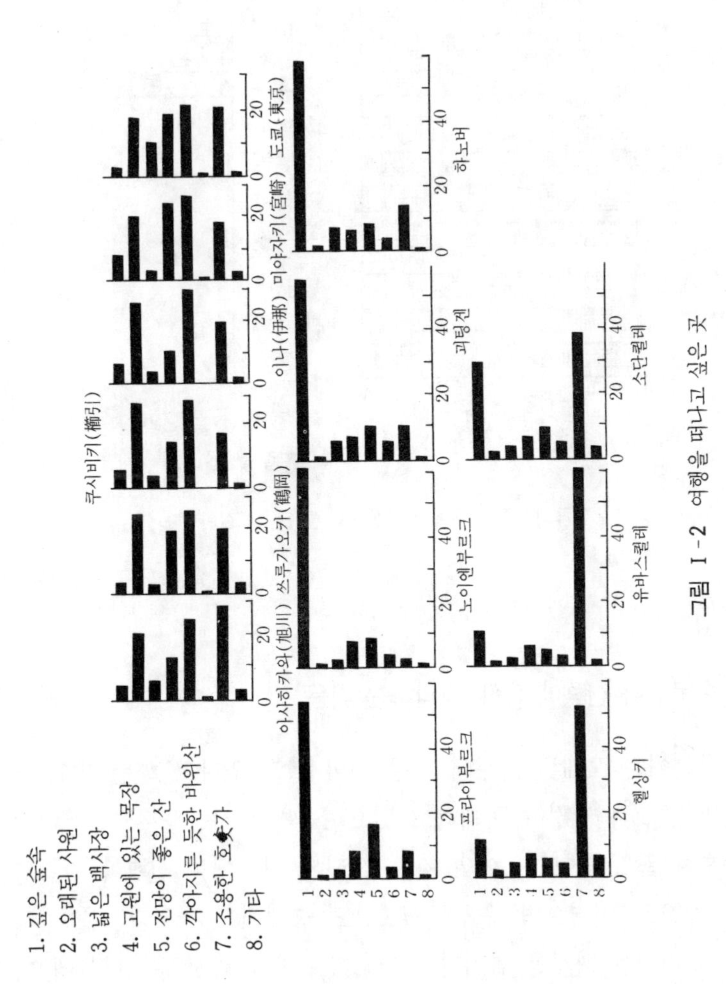

그림 I-2 여행을 떠나고 싶은 곳

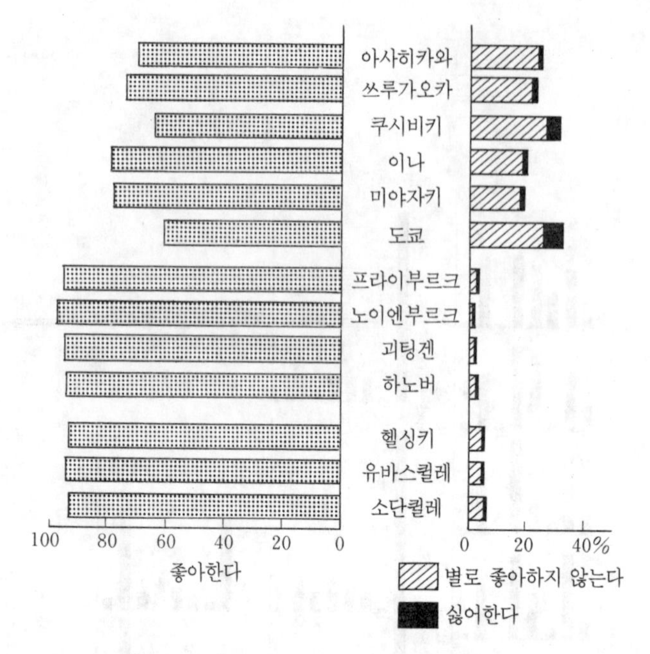

그림 I-3 숲속에서의 산보를 좋아한다·싫어한다.

있다.

수목이나 산림에 대해 경외하는 마음

일본에는 오래된 나무에 나무 신이 살고 있다고 하는 태고 이래의 종교적 감정이 존재하고 있으며, 옛날 사람들은 그 앞에서 무릎을 꿇었다. 또한 이와 같은 오래된 나무에는 신령이 강림하는 것으로 여겼으며 수호신으로서도 숭배되어져 왔다. 우뚝 서 있는 거대한 나무를 올려다 볼 때 고고함을 과시하는 나무에 대해 느끼는 어떤 두려움은, 우리들에게 무언가 신의 존재를 믿게 하는 느낌이 들게 한다. 이와 같이 우리들은 오래된 나무에 대하

사진 I-1 오래된 나무에는 인간이 신의 존재를 믿게 하는 불가사의한 힘이 있다.

여 경외하는 마음을 가지고 있다. 이같이 인간이 자연과 직접 관계를 맺는 태도는 일본 특유의 자연관으로 생각된다.

확실히 그리스도교의 세계에서는 자연 속에서 신을 찾는 것은 이단의 행동으로 간주되는데, 그 예로 잔 다르크는 당시 종교재판에서 "고향마을의 수목숭배에 가담하지 않았는가"라고 추궁받았다고 한다.

고대의 일본인들은 산이나 숲에 신이 있는 것으로 믿었으며, 신사(神社)가 세워지기 이전부터도 그와 같은 곳을 성역으로 숭배하여 왔다. 또한 오늘날에도 깊은 산, 더욱이 큰나무가 빽빽이 들어서 있는 원시림에 발을 들여 놓으면 무언가 신비로움이 느껴지게 되며 숲에 압도되는 느낌을 받는다.

이에 대하여 독일이나 핀란드의 숲속에서 쉴 때는 비교적 밝고 고요함을 충분히 누릴 수 있으며 평안함도 느끼게 되나 위압적인

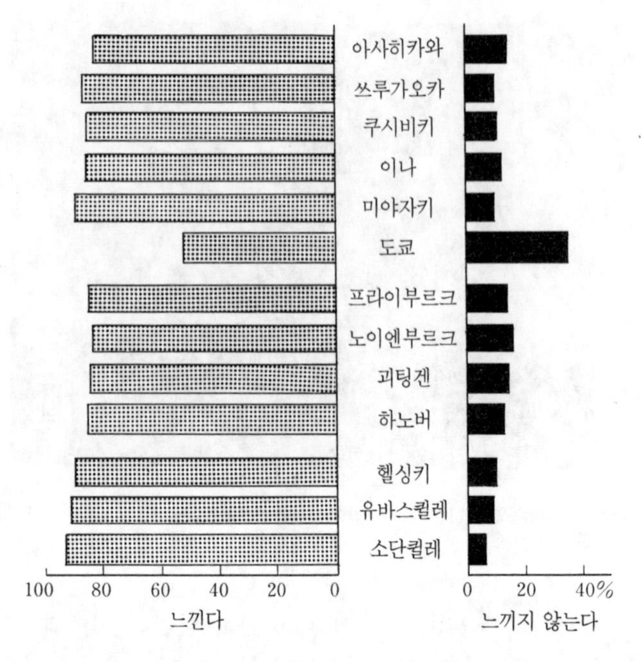

그림 Ⅰ-4 오래된 나무에 대하여 신비로움을 느끼는가.

느낌은 거의 받지 않는다. 이와 같은 점에서 수목이나 산림에 대하여 느끼는 감정이 나라에 따라 다를 것으로 생각했으나 결과는 전혀 예상 밖이었으며, 특히 도쿄 지역의 회답은 더욱 그러하였다.

북부 유럽이나 중부 유럽도, 옛날에는 숲이 울창하게 우거졌었기 때문에 인간에게는 두려운 곳이었으며 신비로운 곳이었다. 숲은 요정들, 선녀들, 난쟁이들, 마녀들이 살고 있는 곳이었다. 따라서 자연물 숭배도 행해졌다. 그러나 그리스도교의 지배가 진척됨에 따라 산림의 벌채도 자행되었으며 이에 따라 자연물 숭배는 그 모습을 감추고 말았으나 지금도 독일이나 핀란드 사람들의 마

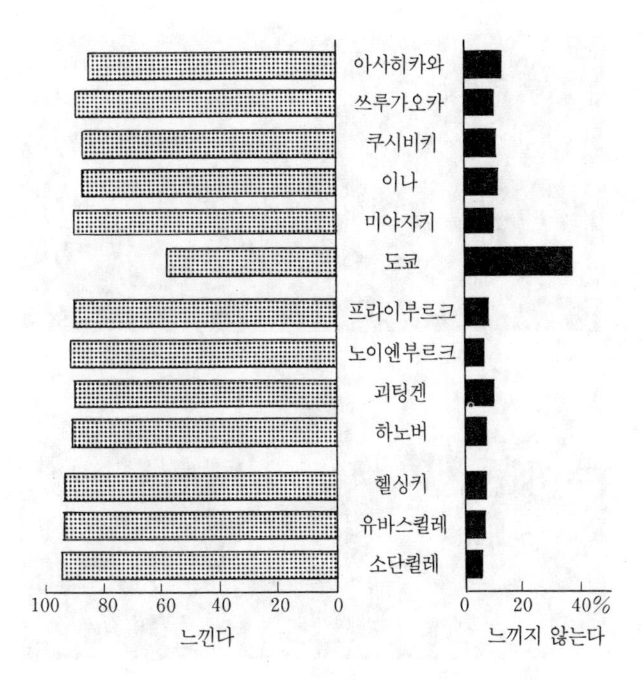

그림 I-5 깊은 숲에 대하여 신비로움을 느끼는가.

음속에는 자연에 대해 경외하는 마음이 남아 있는 듯하다.

사람의 손이 가해진 자연과 가해지지 않은 자연

같은 자연을 바라보았을 때 사람에 따라 느끼는 감정이 다른 것은 당연한 것이다. 아름다운 환경을 보존하여 가고자 하는 마찬가지의 생각을 갖고 있다 하더라도, 어떤 풍경을 아름답다고 느끼는가 하는 그 구체적인 내용에 이르면 실로 각양각색으로 된다. '사람의 손이 가해진 자연'이라는 것은 바로 독일을 중심으로 한 중부 유럽의 풍경과 같은 것이다.

사진 Ⅰ-2 '사람의 손을 가한 자연'(위)과 '사람의 손이 가해지지 않은 자연'(아래).

독일 사람들은 일상적으로 '사람의 손이 가해진 자연' 풍경과 늘 접하며 생활하고 있어, 이에 대해 친숙하고 선호하는 의식이 높기 때문에 오늘과 같은 풍경이 가꾸어져 왔다고 생각되는데, 독일에서의 회답결과는 이를 역력히 반영하고 있다. 이에 반하여 핀란드의 국토를 차지하고 있는 풍경은 '사람의 손이 가해지지 않은 본래 모습의 자연'이다. 핀란드 주민은 이와 같은 자연과 일상적으로 깊은 관계를 갖고 생활하고 있어, 핀란드에서의 회답결과는 '본래 모습의 자연'을 선호하는 의식을 명확히 보여주고 있다.

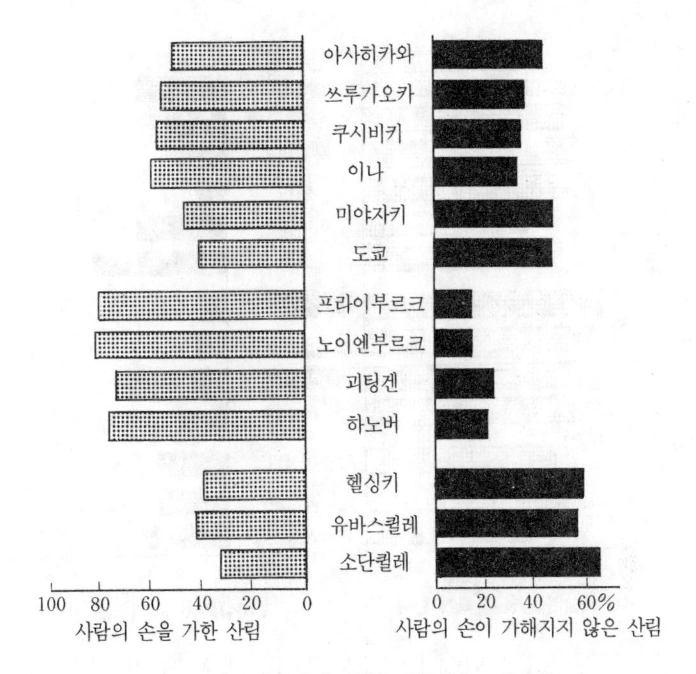

그림 I-6 어떠한 상태의 자연을 좋아한다고 생각하는가.

이들 두 나라의 회답 결과는 이해가 잘 되나 일본에서의 회답결과는 이해하기가 상당히 어렵다. 일본 사람들은 일상적으로 자연을 체험하는 기회가 적어서 자연에 대한 선호도 관념적이기 때문에 회답결과가 애매하게 나타난 것 같다. 대도시일수록 '사람의 손이 가해지지 않은 본래 모습의 자연'을 선호하는 사람이 많은 점을 볼 때, 자연과 접할 기회가 적은 사람일수록 자신들의 관념 속의 이상적인 자연, 즉 '본래 모습의 자연'을 선호하는 것 같다.

산림에 사람의 손을 가하는 것에 대한 찬반

"산림을 아름답게 유지하기 위해서는 사람의 손을 가해야 하는

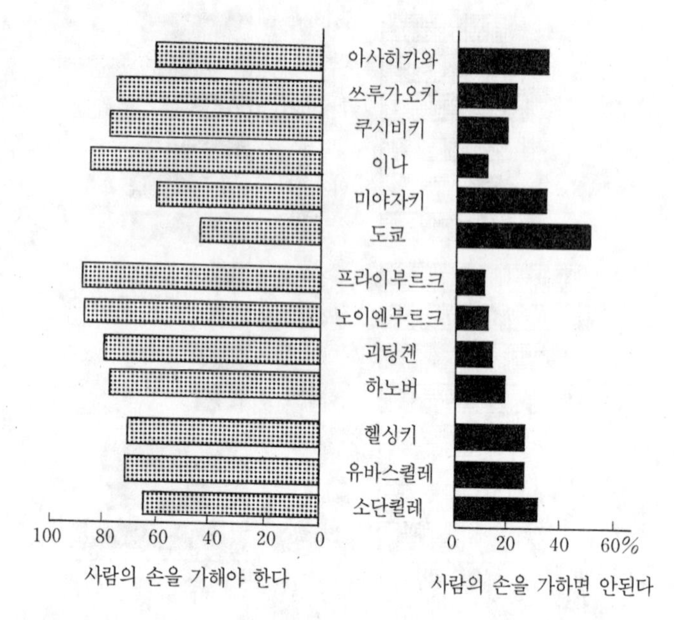

그림 I-7 산림을 아름답게 유지하기 위해서는 사람의 손을 가해야 하는가.

가"에 대하여, 일본에서는 상당한 의견대립이 있는 데 반하여 독일이나 핀란드에서는 압도적 다수가 '사람 손을 가하지 않으면 안된다'라고 회답하고 있다. 이것은 수목의 선호와 *임상의 선호 등 회답과도 일치하고 있는데, 산림과의 실제 체험에서 나온 회답인 것으로 생각되어 실로 부럽기까지 하다.

「*임상사진(林相寫眞) 비교 조사」에서 일본의 경우는, '인공림'·'일제림' 형의 임상의 산림을 아름답다고 하는 사람이 압도적으로 많았는데도, 산림을 아름답게 유지하기 위하여 '사람 손

*임상 : 산림을 구성하는 나무의 종류, 나이, 생육상태 등으로 산림의 모양을 일컫는 말.

을 가해서는 안된다'라고 하는 회답이 많았던 것은, 실제의 산림을 모르면서 그저 관념적으로 '인공림 부정'·'원시림 애호'를 부르짖고 있는 것이 아닌가 하는 생각이 든다.

2. 핀란드인과 독일인에게 있어서의 산림

핀란드인이 산림을 보는 마음

핀란드는 '산림과 호수의 나라'로서, 아름다운 산림 속에 아름다운 호수가 여기저기 흩어져 있다. 핀란드의 국가경제는 임업과 임산업(林產業)에 의존하고 있다. 핀란드인은 산림을 잘라 사우나를 할 수 있는 작은 집을 호반에 짓거나, 산림에서 사슴이나 여우를 사냥하기도 하고, 버섯이나 열매를 따기도 하면서 간소한 '여름 산막'에서 매우 검소한 생활을 산림 속에서 보내는 등 일상적으로 산림과 깊은 관계를 맺고 있다.

핀란드에서는 산림과의 자연스러운 관계가 생산활동면에서나 정신생활면에서도 지속되고 있으며 절도 있게 이용되고 있다. 즉 핀란드에서는 생산활동이나 일상생활에서 산림과 직접 관계하고 있는 농민들 뿐만 아니라 도시에 살고 있는 사람들도 생산활동이

*임상사진 비교 조사 : 두 장씩 다섯 조의 산림풍경사진을 제시하고, 두 장 한조의 사진 가운데 좋아하는 경치를 고르게 하는 방법으로 조사하였다. 이 조사결과에 의하면 일본의 경우, 사람의 손이 가해져 비교적 정리된 상태의 산림풍경, 즉 '인공림'·'일제림' 형 임상의 경치를 선호하는 사람이 많은 것으로 나타났음.

나 일상적 생활행위의 오랜 전통에서 축적된 시각으로 산림을 보는 듯하며, '산림을 보는 마음'은 자연스러운 체험에 의해 형성된 것으로 생각된다. 이와 같이 핀란드에서는 '체험적으로 산림을 보는 마음'이 그 문화와 풍토에 의해 육성되고 있다.

독일인이 산림을 보는 마음

독일인의 '산림을 보는 마음'은 이념에 바탕을 두고 이루어져 있으며 또한 그 이념에 바탕을 두고 산림을 이해하고 있고, 이를 체험에 의해 확인하고 있는 것 같다. 우리들이 실시한 조사에서도, 독일에서는 모든 조사지에서 거의 유사한 결과를 얻었으며 생산의 측면에서 산림과 직접적인 관계가 없는 일반인들의 산림과 임업에 대한 지식이나 이해는 대단히 깊다는 것이 밝혀졌다.

이 점과도 관계하는 것이지만, 독일의 산림은 그 이념에 바탕을 두고 잘 손질되어 아름답게 유지되고 있다. 이와 같이 독일에서는 '이념적으로 산림을 보는 마음'이 그 문화와 풍토에 의해 육성되고 있다.

3. 일본인은 자연을 어떻게 보아 왔는가

전통적인 자연관

일본의 자연은 태풍에 의한 홍수나 화산의 분화에 의해 큰 재해를 가져다 주는 냉혹한 자연인 동시에, 사계절의 우아하고 아름다운 변화 속에서 인자하신 어머니와 같이 온화함을 보여 주는 자연이기도 하다. 고대의 일본인들은 이와 같은 자연과의 만남을 통하여 신의 모습을 자연 속에서 찾아냈다. 그리하여 자연과 공존하며 하나로 되어 사는 가운데 마음의 구원을 찾았고, 여러 신들과의 친밀한 만남을 통하여 '자연숭배'의 관념을 갖게 되었는데, 이것이 일본인들에게 있어서 전통적인 자연관의 밑바탕이 되었다.

"자연은 우러러 보아야 하는 것이며, 기원(祈願)하는 마음으로 무한히 신애(信愛)해야 하는 것"[니시타(西田正好), 『화조풍월(花鳥風月)의 마음』, 신쵸샤]이었다. 자연 속에서 신을 찾아내고 그 신을 숭배할 수 있었던 일본인들은 풍요로운 자연의 혜택를 받은 행복한 민족이었다고 해도 좋을 것이다.

이 자연숭배의 사상은 계승되어져 왔으며, 왕조 시대에 이르러서 귀족들은 "몸에 익혀야 되는 교양으로서 계절에 따라 다른 자연의 정취를 이해하고, 그 계절에 어울리는 응접을 하지 않으면 안되었다."[니시무라(西村亨), 『왕조사람들의 사계』, 고단샤]는 것처럼 자연을 이해하는 능력이 있는가 없는가는 '마음이 있다', '마음이 없다'라는 말로 표현되었다.

즉 왕조 시대의 귀족들은 자연을 친구로 하는 생활을 가장 수준과 품위가 있는 것으로 여겼으며, 모두 이를 누리려고 하였다. 그리하여 그와 같은 생활 속에서 저절로 '화조풍월을 사랑하는 마음'이 생겨났으며, 사계절의 변화에 따라 일어나는 현상을 벗삼아 풍류를 즐겼다. 이와 같은 마음이 계승되어 일본인의 전통적인 자연관으로 되었다.

근대 일본인의 자연관

메이지(明治) 시대에 이르러 서구의 근대문명과 기계문명이 적극적으로 도입된 이래, 합리주의·과학주의가 사상의 주류를 이루게 되었으며, 전통거부의 풍조가 사회를 지배하게끔 되었다. 더욱이 제2차 세계대전 이후에는 미국의 문화가 들어옴으로써 일본 사회의 전통상실은 더욱 가속화되었다. 이에 따라 이전의 전통적 자연관은 모두 전근대적 유물로서 부정되었고 근대 과학에 의해 구축된 자연관이 절대적인 것으로서 자리잡게 되었다.

그러나 근대과학에 의해 구축된 자연관이란, 자연의 오묘한 메커니즘 가운데 하나에 불과한 객관적 법칙성에 바탕을 둔 것이기 때문에, 애매한 존재도 포함하고 있는 본래의 자연과는 다른, 즉 생명이 없는 것이다. 그러나 이와 같은 자연관의 대두에 따라 자연숭배의 마음은 비과학적인 것으로 간주되었으며, 자연숭배의 마음도 엷어지게 되었다.

근대 산업사회 이전의 농경사회에서의 인간은 자연에 종속되지 않으면 안되었다. 근대과학을 기반으로 하고 있는 근대문명은 '인간은 자연으로부터 독립하여 자연을 지배한다'고 하는 사상이 전제되어 있기 때문에 인간이 자연으로부터의 독립이라는 꿈을 실현시킬 수 있을 것으로 보였으며, 자연에서 일방적인 수탈을 하기만 할 뿐 자연에 대하여 무엇 하나 환원하려 하지 않았다. 이와 같은 근대 문명에서는 자연을 파괴함으로써 문명이 보다 고도로 발달되어 갈 것으로 생각하였다. 또한 도시화 지상주의에 따른 도시의 확장 때문에 자연은 급격히 파괴되었다. 이와 같은 자연파괴는 편리함을 가져다 주기는 하였지만 생활환경의 현저한 악화를 초래하였다.

그 결과 도시에 사는 사람들 사이에는 생활이나 환경을 지키기 위하여 자연이 필요하다고 생각하는 사람이 늘어났으며, 더욱이 최근에 이르러서는 생활을 풍요롭게 하고 쾌적한 환경을 만들기 위해서는 자연이 필요하다고 생각하는 사람이 많아졌다. 그리하여 이들은 근대문명의 비판자로서 생태학, 특히 생태계의 자기복귀 메커니즘과 자연보호사상을 신봉하게끔 되었고, 자연과의 조화가 인간의 생존을 위해서도 필요하다는 것을 주장하기에 이르렀으며, 생태학적 자연관이 크게 부각되었다.

다양화되고 있는 자연관

현재 일본인의 자연관으로서는 '자연과학적 자연관'이나 '생태학적 자연관'이 각기 위치를 차지하고 있을 뿐만 아니라, '전통적인 자연숭배의 감정에서 일어나는 자연관'도 여전히 존재하고 있기 때문에 자연관이 다양화되어 있다고 말할 수 있다.

'일본인은 자연을 사랑한다'고 말하는 사람이 많다. 일본인이 예부터 자연과 더불어 자연 속에서 살아 온 것은 분명하지만, 그렇다고 하여 현재의 일본인이 반드시 자연을 사랑한다고 말하기는 어려운 것 같다.

자연과 일상적으로 접하는 기회도 적고 자연에 대한 관심도 대단히 낮은데도 자연보호를 외치는 소리만 높은 걸 가지고 자연을 사랑한다고 할 수 있는 것인가. 자연을 사랑한다고 하려면 자연을 좋아하는 마음을 가지지 않으면 안되며, 자연을 좋아하게 되려면 자연과 늘 가까이 할 필요가 있는 것이다. 그러나 오늘날의 일본 사람들은 자연과 단절된 일상생활을 하고 있기 때문에 자연에 대하여 망각해 버린 사람이 대부분인 것으로 생각된다.

4. 일본인의 산림을 보는 마음

산림을 보는 마음의 추이

일본에서는 예부터 산림은 노동의 장소로서 활용되어 왔을 뿐만 아니라 일상생활과도 깊은 관계를 가지고 있었다. 즉 오래 전부터 일본인은 주로 마을 주변의 산에서 생활과 노동 등의 면에서 많은 관계를 가지고 살아 왔으며, 깊은 산은 신앙의 측면에서 관계를 가지고 살아왔기 때문에 '일상생활 전반에 걸쳐 많은 의미를 가지고 있는 것'으로서 산림의 존재가 인식되어 왔다. 또한 산림은 삶의 바로 곁에 있었기 때문에 누구나 산림의 존재를 잘 이해하였고, 많은 지혜를 짜 내어 산림을 다면적으로 활용하였다.

제2차 세계대전 후에 이르러서는 공업생산물이 비료나 연료와 같은 것을 해결해 주었기 때문에 산림이 없어도 생활할 수 있는 사회로 되었다. 그리하여 일상생활에서 산림과의 관계는 희박해졌으며, 산림에 대하여 실리성만 추구하게 되었고, 또한 산림은 단순히 '목재를 생산하는 곳'으로만 인식되었다. 그 결과 산림과 직접적인 관계를 갖는 것은 산촌주민으로만 되었으며 도시주민의 산림에 대한 직접적인 관계는 거의 찾아볼 수 없게 되었다.

이에 따라 도시주민들의 눈에는 산림의 실체가 보이지 않게 되

표 I-2 산림환경요인과 산림에 대한 의식의 관계(상관계수값)

	인구밀도	산림률
임산물생산*	−0.376	0.510
자연보전	0.617	−0.686
일*	−0.729	0.833
휴양	0.784	−0.852
산나물·버섯 채취*	−0.839	0.688
하이킹·산책	0.769	−0.772
나무의 생장*	−0.593	0.703
안온함	0.670	−0.757

* 표지 : 전통적이며 구체적인 산림에 대한 의식
무표지 : 관념적인 산림에 대한 의식

었으며 그저 관념의 세계로만 산림을 보게끔 되었다. 최근 들어 도시의 생활환경의 악화를 구해 주는 존재로서 산림에 높은 관심이 집중되고 있으나 그 속을 들여다 보면 현실적이지 않고 역시 관념적인 것에 불과한 것 같다.

한편 산촌에도 도시적 생활양식이 침투하여 도시와 똑같은 생활을 영위하게 되었다. 또한 취업구조를 보아도 차츰 도시적 구조로 변하고 있다.

이와 같이 도시와 산촌에는 생활 면에서 거의 차이가 없게 되었지만, 산촌에는 산림소유자가 많으며 주거 부근에까지 산림이 분포하고 있어서 일상적으로 산림을 접하는 사람이 많으며, 또한 직업으로서 농·임업에 종사하고 있는 사람이 많기 때문에 산촌 주민의 산림을 보는 마음은 도시주민과는 상당히 다르다.

산림에 대해 느끼는 생각은 사는 장소에 따라 다르다

나가노현에서 우리들이 수행한 「산림환경에 대한 주민의식 조사」(1984)의 결과에서도 다음과 같은 판단을 할 수 있다. 즉 *표 I-2와 같이, 인구밀도가 낮아지고 산림률이 높아짐에 따라 높아지는 것은 산림을 '임산물 생산'의 장으로 여기고 산림으로 '일'·'산나물·버섯 채취' 하러 가며, 산림에 대해 마음이 쓰이는 점은 '나무의 생장'이라는 '전통적이며 구체적인 산림에 대한 의식'이다. 이에 대하여 인구밀도가 높아지고 산림률이 낮아짐에 따라 높아지는 것은 '자연보전'의 장으로서 산림을 보며 산림으로 '휴양'·'하이킹·산책' 하러 가며, 산림에서 마음이 끌리는 것은 '안온함'처럼 지극히 '관념적인 산림의식'이다.

도시에 사는 사람들에게 있어서 산림이란 '보는 곳'·'노는 곳'·'사색하는 곳'이다. 또한 산림과 직접적으로 관계하는 일도 없이 산림으로부터 혜택을 피동적으로 향유하려고만 한다. 이에 대하여 산촌에 살고 있는 사람에게 산림은 '생산을 하는 곳'·'생활을 하는 곳'이다. 그래서 산림과 직접적인 관계를 가지고 산림으로부터의 혜택을 얻으려 하고 있다. 이와 같은 점에서, 산촌에는 '구체적인 산림의식'을 갖고 있는 사람들이 많은 데 반하여, 도시에는 '관념적인 산림의식'을 갖고 있는 사람들이 많음을 알 수 있다.

* 상관계수값이 플러스일 때에는 인구밀도 또는 산림률이 높아짐에 따라 의식 정도가 높아지는 것을, 마이너스일 때에는 인구밀도 또는 산림률이 높아짐에 따라 의식 정도가 낮아지는 것을 의미함.

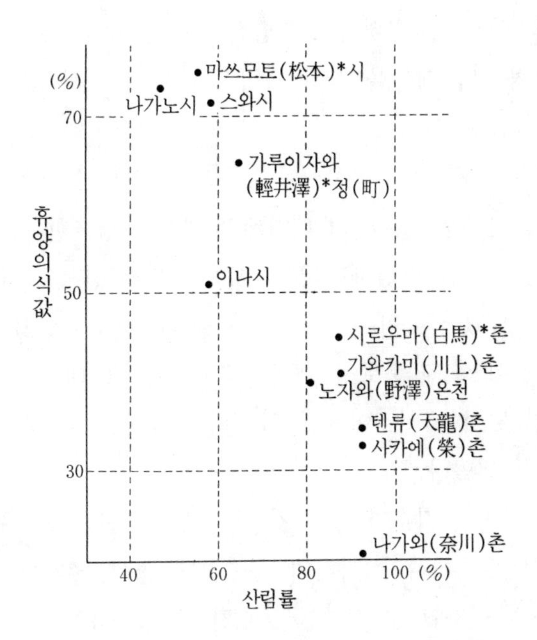

그림 Ⅰ-8 산림률이 낮을수록 휴양의식이 높다.

*시정촌(市町村) : 일본은 행정구획을 도도부현·시정촌(都道府縣·市町村)으로 구분하고 있는데, 이중 '시정촌'은 우리나라의 시·읍·면에 상당하며, 현은 시정촌을 포괄하는 지방자치단체의 하나임. 이밖에 도(都)는 도쿄도(東京都), 도(道)는 홋카이도로 각각 하나씩이며, 부(府)는 오사카부(大阪府)와 교토부(京都府)의 2개가 있음.

산림을 보는 마음의 다양화

이와 같이 산림을 보는 마음이 도시에 사는 사람과 산촌에 사는 사람으로 나뉘어져 형성되어 온 것은 큰 문제이다. 그러나 이 문제 이상으로 더욱 심각히 생각하지 않으면 안되는 것은, 산림을 다원적으로 보는 게 아니고 어느 한쪽 면만으로 치우친 일원적 시각이 되어버린 것이다.

일찍이 산림은 다원적이고 종합적으로 다루어져 왔으나 최근에는 그 효용이나 기능을 각각 독립시켜서 단일 시각으로 산림을 보게 되었다.

오늘날 이 사회는 과학사상이 보급되어, 산림에 대해서도 애매한 점을 싫어하는 경향이 증대하게 되었으며 명확한 과학적 기초가 없으면 그것을 인정하지 않는 사람이 많아졌다. 그런 만큼 과학적 기초가 있어 보이는 산림의 기능이나 가치가 발표되면 관념적으로 '지식·교양'으로서 취급되게 되고, 그 내용이 바탕하고 있는 산림을 보는 시각이 지극히 단편적임에도 불구하고 강하게 주장되게끔 되었다.

그러나 과학적 기초가 있는 것처럼 보이는 산림의 기능이나 가치는 그야말로 하나가 아니며 무수하게 많이 존재하기 때문에 '목재생산적'·'자연보호적'·'국토보전적' 등 다양한 면에 걸쳐 산림을 보는 마음을 갖는 것은 당연하다. 이것은 '산림을 보는 마음의 다양화'로서 오늘날이 다양화의 시대이기 때문에 당연한 것으로도 생각된다.

단일의 기능이나 가치에 근거하여 산림을 보는 시각에는 비교적 명쾌한 것이 많고 또 이해하기 쉬운 점도 많기 때문에, 도시에 살며 일상생활에서 산림과 관계하지 않고 단지 '지식·교양'으로서 산림을 대하고 있는 사람들에게는 그것이야말로 산림을 보는 바른 시각이라고 주장하기 쉽다. 분명히 이와 같은 산림을 보는 시각은 잘못된 것은 아닐지 몰라도 산림의 어느 한쪽 면만을 이해한 시각에 불과하다. 이와 같이 특정한 산림의 가치에 근거한 산림을 보는 시각은, 그 측면에서는 바르다고 할 수 있을지 몰라도 산림을 전체적으로 볼 때에는 반드시 올바른 것이라고 할 수 없으므로 위와 같이 산림을 보는 시각을 안이하게 갖는 것은 바람직하지 않다.

요구되는 종합적인 시각

산림은 종합적이며 복합적인 존재이므로 목재생산만의 시각이나 자연보호만의 시각으로 산림을 보아서는 안된다. 즉 산림은 어떤 특정의 기능이나 가치만을 위하여 존재하고 있는 것이 아님을 알아야 한다.

종합적이며 복합적인 것은 아무래도 애매하게 되기 쉬우며 자칫 모순을 내포하기 쉬운 경향이 있다. 이와 같이 애매모호한 점을 무시하고, 오로지 목재생산만을 명확한 가치기준으로 하여 산림조성이 이루어진 결과 산림이 단순화되어 버리고 말았으며, 오히려 모순을 확대해 버린 것이 제2차 세계대전 후의 산림조성이었다는 사실을 돌이켜보면, 종합성과 복합성이 결여된 어느 한쪽 면만으로 산림을 보는 시각은 아무리 명확히 하려 하여도 문제가 있다. 이제부터는 종합적이며 복합적으로 균형 있게 산림을 보는 시각을 가지고 산림을 유지·관리하여야 한다.

단일기능이나 가치에 바탕하여 산림을 보는 시각이 도시에 사는 사람들을 중심으로 지배적으로 된 오늘날에도, 산촌에는 한 장소에 계속 살면서 그 지역의 생태계에 의존하여 생계를 꾸려가며 종합적으로 산림을 보는 시각을 가진 사람이 아직도 생활하고 있다. 이러한 사람들은 지역 내의 식물이며 동물에 거의 전면적으로 의지하여 살아가지 않으면 안되므로, 합리적인 균형을 유지하여 가는 방법을 알고 있다.

예를 들면 산촌에 사는 사람들은 산나물을 뜯을 때, 알맞은 시기에 적당한 크기의 것만을 뜯어 다음해에도 계속하여 채취할 수 있게 한다. 이러한 것을 알지 못하는 사람들은 그곳에 있는 자원에 의존하지 않고도 살아갈 수 있어서 그러는지 몰라도, 가해자 의식을 느끼지 않고 산나물의 절멸(絶滅)을 가져올 수 있는 행위를 쉽게 하는 경향이 있다.

산촌에 사는 사람들은 논리적으로 명확하게 산림을 보는 시각이 없으며 생태학이라는 것도 알지 못하나, 산림이 가지고 있는 복합성이며 종합성에 대해서는 몸으로 충분히 체득하여 알고 있고 종합적으로 산림을 보는 시각도 지니고 있다.

다원적·중복적인 산림 이용을

산림을 종합적으로 보는 시각은 산림을 다원적·중복적으로 이용하는 체험에서 생겨난다고 생각한다. 산림을 철저히 이용하여 살아가는 데 필요한 양식을 얻고 있는 사람의 경우는 산림의 풍요로운 혜택의 '이자분(利子分)'만을 이용하면서 산림을 보전해가야 되므로 종합적으로 산림을 보는 시각을 갖게 되는 것 같다.

고랭지 채소농업으로 소득이 일본 1위인 나가노현 가와카미 마을(川上村) 사람들은 산촌에 살고 있으면서도 대부분이 비교적 단일적인 시각으로 산림을 보고 있는 데에 반하여, 바로 인접해 있는 미나미아이키 마을(南相木村)의 사람들은 여전히 종합적으로 산림을 보는 시각을 가지고 있는 사람이 많다.

종합적으로 산림을 보는 시각은 산림의 다원적·중복적 이용 체험에서 기인된다는 가설을 세우고, 이 두 마을의 촌민에 대하여 「산림이용 체험 조사」(1985)를 하였는데, 가와카미 마을에서는 한 사람이 4종류 이하로 산림을 이용하고 있는 사람이 많고 전혀 산림을 이용하고 있지 않는 사람이 10%나 되는 데 비하여, 미나미아이키 마을에서는 한 사람이 5종류 이상 산림을 이용하고 있는 사람이 많음이 밝혀졌다. 또한, 한 사람이 13종류가 넘게 산림을 이용하고 있는 사람이 가와카미 마을 사람들 가운데에는 없었으나, 미나미아이키 마을에서는 한 사람이 무려 18종류[용재 벌채·땔감 벌채·퇴비용 낙엽 채취·숯 굽기·버섯 재배·송이버섯 채취·산나물 채취(버섯따기)·수렵·토사붕괴지 보수· 재해복구·산 돌아보기·음료수 이용·공업용수 이용·산책·자연관찰·휴식·풍경감상 등]에 걸쳐 산림을 이용하고 있는 사람도 있다. 즉 산림에서 목재나 땔감, 산나물과 같은 많은 것을 얻으면서, 산림에서 계절을 느끼며, 고향을 발견하고, 산림에 의해 각종 재해로부터 보호받고 있는 사람들이야말로 종합적으로 산림을 보는 시각을 가지게 되는 것으로 생각한다.

이와 같은 것은 일본에만 국한되는 것이 아니다. 예를 들어 핀란드 사람들은 종합적으로 산림을 보는 시각을 가지고 있는 듯하다. 핀란드 사람들의 생활을 보면, 일본 사람들로서는 상상도 할 수 없을 정도로 산림을 소중하게 여기고, 또한 사랑하고 있으며, 자신들이 숲의 민족이라는 점을 매우 자랑스럽게 여기고 있다. 핀란드의 국토는 메마른 편이어서 일본에 비하면 산림의 생장이 지극히 나쁘다. 그래도 산림 이외에는 자원이 없는 까닭에 천혜의 자원인 산림을 나라의 보배로 생각하고 있으며, 산에서 얻는 임산물로 나라경제의 대부분을 꾸려가고 있다. 이와 동시에 핀란드 사람들은 산림을 그저 존재하는 자연이라고는 생각하지 않으며, 혹독한 자연풍토 속에서 살아나가기 위해 존재하는 소중한 환경이라고 생각하고 산림 속에서 산림과 친밀하게 생활하고 있다. 핀란드 사람들의 산림을 사랑하는 마음, 산림을 종합적으로 보는 시각은, 그들이 생산의 측면에서 뿐만 아니라 일상생활에서도 산림과 깊이 관계하고 있는 데에서 생겨난 것이다.

그리고 핀란드 사람들이 활기찬 생활을 영위하고 있는 것을 보면, 풍요로움이라는 것은 환경에 자신들을 맞춰 활기차게 생활함으로써 마음에 여유를 가지게 됨에 따라 느끼는 것으로 생각되므로 풍요로운 생활, 행복한 생활을 추구하기 위해서도 산림을 종합적으로 보는 시각을 가지도록 노력할 필요가 있다.

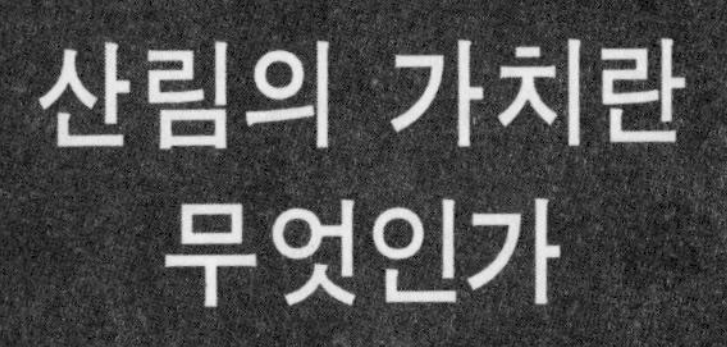

산림의 가치란 무엇인가

Ⅱ

산림의 가치와 효용은 한 가지만 있는 게 아니다. 그런데 수많은 가치와 효용의 어느 한 부분만을 강조한 나머지, 다른 가치와 효용을 중요시하는 사람들과의 사이에 부질없는 마찰을 일으키는 경우도 많다. "개발이냐, 자연보호냐" 하는 문제도 그러한 경우의 예이다. 다만 소중히 해야 할 것은 다양한 가치와 효용을 서로 인정하고 산림이 갖고 있는 수많은 가능성을 인류공통의 재산으로서 미래를 향해 살려가는 것이다. 이러한 것들은 경제적 효율만으로 가늠할 수 있는 것은 아니다.

1. 산림은 다양한 가치를 지니고 있다

고우미정의 '고향의 숲'

나가노현 동부에 있는 야쓰가타케(八岳)의 산록에 고우미정(小海町)이라는 작은 마을이 있다. 이 마을은 장령(壯齡)의 낙엽송 인공림이 많은데, 산림의 손질에 필요한 자금이 부족하였기 때문에 '고향의 숲' 사업으로 자금을 모을 계획을 하였다. "20~25년생의 낙엽송림 0.5ha를 한 구좌로 하여, 구좌당 60만 엔을 받아 30년 후에 벌채하여 생기는 수익을 절반씩 나눈다."는 조건으로 비용부담자를 모집한 것이다. 이때 고우미정 산업과에서는 "60만 엔의 출자금이 얼마의 금액으로 되돌려질지 현시점에서는 보증할 수 없다. 투기가 아니고 고향발전에 기여하는 가교로서 생각해 주시기 바란다."고 호소하였다. 당초의 모집목표는 100구좌였는데 766건의 신청이 있었으며, 최종적으로 408구좌에 408명이 비용부담자로서 결정되었다. 당시 응모하였던 사람들은,

· 손자(녀) 탄생기념-고향이 없음

· 자연을 고우미정 사람들과 지키고자

· 꿈과 낭만이 있어서 즐거움

· 아이들에게 녹음이 풍요로운 자연을

등을 응모의 이유로 들었으며, 앙케이트 조사결과에서도 '자연에 대한 애착심을 충족시켜 주는 것', '꿈과 낭만을 주는 것', '고향과 인연을 맺게 하는 것'과 같은 이유로 산림에서 가치를 찾고자 하는 사람이 많음을 알 수 있었다. 물론 산림의 자산형성적 가치를 인정하여 응모한 사람도 있었으나, 대개의 경우 금전으로 대

체할 수 없는 그 이상의 효용을 누릴 수 있다는 점에서 그 가치를 찾는 사람이 많았다.

오구라산을 지킨 사람들

고우미정에서 치쿠마강(千曲川)의 본 줄기에서 동쪽으로 연결되어 있는 아이키(相木) 계곡에 들어가 보면 기타아이키 마을(北相木村)이 있다. 기타아이키의 계곡에서 동쪽 하늘을 올려다보면 산세가 좋은 오구라산(御座山)이 눈에 들어온다. 오구라산에는 가문비나무, 구상나무류, 솔송나무류와 같은 나무로 이루어진 천연림이 울창하다. 이 오구라산의 산림 벌채계획이 나가노영림국에 의해 세워졌을 때에 마을 사람들은 '오구라산은 마을의 얼굴이며, 그 산림은 바로 우리 자신이기 때문에 그 무엇으로도 바꿀 수 없다'고 반대하였다.

기타아이키 사람들은 여기에서 태어나 이 산에 의지하며 살다 죽으며, 이 산의 산자락에 묻힌다. 옛날 기타아이키 사람들은 이 산에서 신의 존재를 느끼고서 '신이 계신 곳'이라는 의미로 오구라산이라는 이름을 붙였다고 한다. 기타아이키 사람들은 아침 하늘에 실루엣으로 오구라산이 자태를 보일 무렵 하루를 시작하며 석양에 빛나는 오구라산을 보며 하루 일과를 마친다. 봄이 찾아오고 수확의 계절이 왔음을 가르쳐주는 것도 오구라산의 산림이다. 이와 같이 기타아이키 사람들은 오구라산의 산림을 자신들과 뗄 수 없는 존재로서 여기고, 이 산림에서 높은 가치를 찾고 있는 것은 당연한 것으로 생각한다.

다양한 산림의 가치

이와 같이 어떠한 산림에 관계하고 있는 사람들이 그 산림에 대하여 발견하는 가치는 각기 독자적이며 고유의 가치로서, 제3자는 이해할 수 없는 부분도 많이 포함되어 있다. 그러므로 '산림은 그 자체가 절대적인 가치를 지니고 있는 게 아니고, 어떤 한 인간에 의해 발견되는 개별적인 가치를 산림의 가치'라고 할 수 있다. 따라서 그 가치는 시대에 따라 혹은 나라에 따라 각기 달라져 온 것도 당연한 일이다.

상품경제의 사회인 일본은 화폐가치가 무엇보다도 우선하게 되어 있다. 이 때문에 산림의 가치라는 것은 우선 경제적(화폐적)으로 실현할 수 있는 가치가 문제가 된다. '임업'은 임지의 물질순환을 바탕으로 산림을 보전하면서 '목재 등의 임산물'을 생산하여 판매함으로써 산림의 화폐적 가치를 실현시키는 것이므로, 이러한 관점에서 산림의 가치라고 하는 것을 주로 '임업'을 통하여 실현하고 있는 화폐적 가치이다. 그런 만큼 이 가치에 대해서 임업관계자들은 높은 관심을 가지고 있다. 그런데 최근 들어 비화폐적 가치를 지닌 것으로서 산림을 인식하고자 하는 사람이 늘고 있다. 즉 산림의 환경자원과 문화자원으로서의 가치를 인정하자는 것이다. 이에 대해서는, "자연이 갖고 있는 유기적 관련성을 무시하고 자연을 이용하고 개발하여 온 근대 이후의 경제사가 초래한 모순의 표면화"[우치야마(內山) 지음, 『자연과 인간의 철학』, 이와나미서점]라는 현실적인 면에서 생태계 등의 이론을 동원하여 '자연과 공생할 수 있는 인간의 생활'을 확립하고자 하는 움직임으로 다루고 있는 연구자와 평론가도 많다.

복합적인 효용을 살린다

인간이 산림에 대하여 설정하고 또한 이를 실현하여 가는 가치는 기본적으로 각자의 필요와 관심에 의해 결정되는 것이지만, 한편으로는 사회로부터 받는 영향도 크다. 이러한 점을 고려하면 산림의 가치를 효용의 측면에서 다룬다는 것은 오늘날과 같은 현대사회에서 큰 의미가 있는 일이다.

그런데 산림의 효용은 실로 여러 방면에 걸쳐 있음에도, *보안림(保安林) 가운데 토사붕괴 방지림에서는 토사붕괴를 막는 효용만을 문제시하는 데에서 알 수 있듯이, 하나의 산림에 대하여 어느 특정의 효용만을 기대하는 것이 좋다고 생각하고 있는 사람도 상당히 많다. 그러나 하나의 산림이 한 가지만의 효용을 발휘하고 있는 것은 결코 아니며, 대개의 경우 동시에 많은 효용을 발휘하고 있기 때문에 각각의 산림은 여러 가치를 복합적으로 지니고 있다고 생각하는 것이 좋다. 이러한 점을 전제로 하여 효용의 측면에서 본 산림의 가치에 대하여 정리하고자 한다.

2. 생산자원으로서의 산림

목재 등의 생산

생산자원으로서 산림이 지니고 있는 가치는, 주로 '임업'을 통

*보안림이란, 공공의 위해(危害) 방지, 복리증진 또는 타산업 보호 등을 목적으로 산림법에 의해 특정의 제한이 부과된 산림임.

하여 발휘되는 경제적(화폐적) 가치이다.

옛날부터 건축재료·가구재료·토목재료 등으로 목재가 이용되었으며 또한 연료용으로서 땔감이나 숯이, 식용으로는 나무열매나 버섯·산나물이, 약용으로서는 나무껍질이며, 잎, 그리고 풀등이, 비료와 사료용으로서는 잡초가 이용되어 왔다. 한편 이것들은 자기집에서 이용하는 경우가 대부분이었으며, 설령 팔아서 수입을 올린 적이 없다 하더라도 산림은 경제적 가치가 있다고 여겨왔다. 오지의 산림에는 목기와 같은 목공예품을 만드는 목공들이 필요한 원목을 구하러 들어가는 등 유용한 용재를 얻는 경제적 가치가 있었다.

제2차 세계대전 후 공업화와 생활의 도시화가 이루어져 공업제품에 의해 생활이 영위되어짐에 따라 임산물 중에서 화폐적 가치가 있는 것은 목재뿐이라고 여겼다. 따라서 필요로 하는 목재를 최대의 양과 최고의 품질로 공급하는 것을 목적으로 산림이 조성되었으며 임업은 '목재생산업'으로 되어 버렸다.

목재는 '천연재료'로서 대단히 우수한 것이다. 물론 플라스틱이나 나일론과 같은 '인공재료'나, 석재 혹은 식물섬유, 가죽과 같은 천연재료 모두 독특하며 우수한 성질을 가지고 있다. 인간은 이들 재료에 대해 각각의 재질에 걸맞는 사용을 통하여 생활을 풍요롭게 하여 왔다. 이와 같이 우리 주변에 있는 여러 가지 재료 가운데에서도 목재는 그 특성상 인간과 친숙해지기 쉽고 사용하기 쉽기 때문에 지금도 우수한 재료로서 이용되고 있는 만큼 '목재생산업'으로서의 임업도 필요한 산업이다.

바이오매스로서의 자원

산림의 가치는 '임산물을 생산하는 가치'라고 생각하여 온 역사는 오래된 것이어서 특히 임산물 중에서 목재의 가격이 높을 때의 '가치가 높은 산림'이란, 기이(紀伊) 반도의 산림처럼 양질이며 고가의 목재를 생산할 수 있는 삼나무와 편백 인공림과 같은 것이다. 또한 화폐적 가치가 낮은 잡목림 등은 '저질 활엽수림'으로 불렀다. 외국에서 목재가 대량으로 수입되기 시작한 이후부터 목재의 과잉 시대가 되어, 목재가격의 폭락상태가 계속된데다 임업노동력이 부족하게 되었다. 이 때문에 임업노동자의 임금이 상승하여 산림의 육성·관리에 소요되는 경비 부담이 늘어나게 되었으며, 인공림의 경제적(화폐적) 가치는 저하하여 임업지 신슈(信州)의 낙엽송 인공림 등은 화폐적 가치를 잃어버리고 말았다고 생각하는 사람도 있다.

오늘날의 일본은 목재 과잉 시대를 맞이 하여 있으나 앞으로도 이러한 상황이 계속될 리는 없다. 목재는 인간이 선호하는 재료이므로 앞으로도 계속 이용될 것이다. 특히 산림은 재생산이 가능한 *바이오매스 자원으로서 재생산이 불가능한 지하자원과는 달리 앞으로 더욱 유망시되는 자원이다.

*바이오매스라는 것은 바이올로지컬·매스(Biological Mass)를 줄인 말로서, 즉 '생물량'을 말한다. 이것은 생물의 다양한 특성을 무시하고 오로지 양적인 관점에서 본 것이다. 바이오매스 자원은 재생산이 가능하며 더욱이 연료며, 사료에 이르기까지 실로 폭 넓게 이용되어 왔으나, 석유화학공업 시대에 들어선 후 이용면에서 차츰 저조해지는 경향을 보여왔다. 그러나 최근 들어 바이오매스 자원이 다시 주목받기 시작하였으며, 그 예로 자작나무의 사료화 등이 추진되고 있다.

그러므로 당장 현시점에서 산림의 화폐적 가치가 작아졌다고 하여 간단히 손을 떼어서는 안된다고 생각한다. 한때 저질 활엽수림이라고 하여 돌보지 않고 버려졌던 잡목림도, 최근 들어 표고버섯 재배에 사용하는 골목(榾木)의 원목림으로서, 또한 숯을 굽는 재료를 공급하는 원목림으로서 화폐적 가치가 생겼다.

3. 환경자원으로서의 산림

국토의 보전과 쾌적한 환경의 조성

일상생활의 도시화가 진행됨에 따라 어디에 살아도 임산물을 직접 산림에서 구하지 않고서도 생활할 수 있게 되었으며 임산물을 얻을 목적이라면 굳이 산림에 의존하지 않아도 되는 세상이 되었다.

그러나 일본은 지형이 험준한 곳이 많고, 더욱이 불안정한 지각구조와 화산활동에 의해 형성된 탓에 지질이 취약한 곳도 많다. 게다가 태풍상습 지대·지진다발 지대에 위치하고 있기 때문에 자연재해를 받기 쉽다. 산림의 존재는 이러한 자연재해를 방지 혹은 경감하는 작용이 크다는 면에서 산림의 국토보전적 가치가 일반적으로 인정되고 있다.

또한 산림은 기온과 습도를 완화시키며 아름다운 풍경을 제공하므로, 산림이 쾌적한 환경을 만든다는 가치가 있음도 인정되고 있다.

표 II-1 지피상태별 침투능 비교[사토(佐藤)등, 다다키(只木良也)·기라(吉良龍夫) 편, 『사람과 산림 1987』, 교리쓰출판]

지피상태		침엽수림지	활엽수림지	벌채지	잡초발생지	산사태지	길
최종침투능	평균	246	272	160	191	99	11
mm/hr	범위	104~387	87~395	15~289	22~193	24~281	2~29

(a) 침엽수림 : 소나무·삼나무·편백·낙엽송 인공림, 22~45년생, 흉고지름의 범위 6~35cm, 수고의 범위 7~22m.

(b) 활엽수림 : 너도밤나무·물참나무·졸참나무·벚나무 등의 천연림, 60~190년생(일부는 20~35년생), 흉고지름의 범위 16~80cm(일부 4~18cm), 수고의 범위 12~22m(일부 7~11m).

(c) 벌채지 : 벌채 작업으로 지표면이 교란된 곳에서도 측정.

(d) 이와테(岩手)현 내에서 조사된 자료임.

수자원의 '어머니'

신슈 북부의 이이야마(飯山) 지방에서는 '한 그루의 너도밤나무는 반평의 논에 필요한 물을 댄다'고 하여 농민들은 수원(水源) 지대에 있는 너도밤나무림을 소중히 여기고 있다. 우량한 산림의 지표면에 낙엽 등 두텁게 쌓여 있는 퇴적물은 지표의 침식을 막기 때문에, 산림의 토양에는 미세한 틈(공극)이 많아 물을 땅속으로 잘 침투시키는 구조로 되어 있다.

우량한 산림토양의 침투능(땅속으로 물을 침투시키는 능력)은 대단히 높아 표 II-1과 같이 초지는 산림의 3/4, 산사태 난 곳은 산림의 1/2, 사람들이 걸어다녀 단단해진 보도는 산림의 1/20에 불과하다. 그러므로 우량한 산림은 호우가 내릴 때나 눈이 녹을 때와 같이 물이 많은 시기에는 일시에 물을 저장하여 홍수의 피크를 낮추는 홍수 완화 효용이 있으며, 갈수기에도 물이 마르지 않고 안정된 상태로 물이 지속적으로 흐르도록 하는 갈수

완화 효용이 있다.

물을 깨끗하게 한다

산림을 통과하여 흘러나오는 물의 수질은 안정되어 있는데, 그 역할의 중심은 산림토양이다. 산림토양은 유기물이 풍부하며, 부드럽고 공극이 많기 때문에 물이 침투하기 쉽다. 또한 물리화학적 뿐만 아니라, 생물학적으로도 활성이 높기 때문에 그 속을 통과하는 물에 포함되어 있는 물질을 흡수하거나 교환하는 능력이 풍부하다. 따라서 이러한 산림토양 속을 빗물이 통과하는 사이 산림토양이 가지고 있는 다양한 기능에 의해 정화되어 유출되는 물의 수질이 안정되는 것이다.

교토대학의 가타야마(片山幸士) 씨는 빗물과 빗물이 산림을 통과하여 흘러나온 물(유출수)의 수소이온농도와 살충제 BHC 농도를 측정하였다(산림의 오염정화 작용, 『사람과 산림』, 교리쓰출판). 이 자료에 의하면 시가(滋賀)현 동남부에서는 빗물의 pH가 3.4~6.0이었는데 유출수로 되면 5.8~6.8로 되었고, 교토시 북부에서는 빗물의 pH가 3.5~6.5였던 것이 유출수로 되면 5.5~6.7이 된다는 것을 확인하여, 산성 빗물이 산림을 통과하여 계류수로서 유출될 때에는 수소이온농도가 중성치에 가깝게 되는 것을 밝혔다.

현재 지구적인 규모로 문제가 되고 있는 산성비는 산림에 피해를 주지만 빗물은 산림지대를 통과하는 사이에 산림토양이 가지고 있는 높은 중화능력에 의해 중성화되며 정화되어 간다고 생각하여도 좋다.

또한 유기염소계 살충제인 BHC는 인간의 신경계통이며 간장에 장해를 주기 때문에 일본에서는 1971년에 사용이 금지되었으나, 외국에서는 최근에도 사용하고 있는 나라도 있어서 부유분진이 된 BHC가 기류를 타고 일본 상공에 도달하여 빗물에 섞여 내린다. 가타야마 씨의 측정결과에서는 빗물에 섞여 있는 BHC의 농도의 범위는 α에서 4.0~51.0ppt, γ에서는 2.3~19.0ppt, β에서 흔적 정도~7.8ppt였다(ppt는 ppm의 100만분의 1).

한편 산림의 유출수에 포함되어 있는 BHC 농도의 측정결과는 최고치를 취해도 α에서 1.79ppt, β에서 1.40ppt, γ에서 1.02ppt였다. 이는 산림을 통과하는 사이에 빗물에 섞여져 있던 BHC 성분의 대부분이 제거되어 유출수에는 미량밖에 포함되어 있지 않게 되는 것을 의미하는 것이다.

지구규모의 오염이 문제가 되어 있는 오늘날, 산림의 오염물 정화작용이 높게 평가되고 있으며 이에 따라 산림에 대한 기대가 높아지고 있다.

침식 방지

최근, 전국 각지 댐의 토사퇴적이 문제가 되어 있다. 강의 상류부에서 유출되어 온 토사가 퇴적되어 저수량이 점점 저하되고 있기 때문이다.

대지는 항상 물에 의해 침식[水蝕]될 뿐만 아니라 바람[風蝕]과 눈에 의해서도 침식[雪蝕]을 받고 있다. 특히 일본은 지형이 험준하여 집중호우가 내리면 빗물의 침식에 의해 생산되는 토사의 양은 실로 막대하다.

산림은 바람에 의한 토사이동을 억제하여 풍식을 막고, 적설의 이동을 막아 설식을 경감시킨다. 특히 산지의 경사면이 산림으로 덮여 있으면 빗방울의 충격에너지가 흡수되며, 키가 작은 식물들은 지표유출수의 유속을 저하시키므로 물에 의한 침식이 억제된다.

도시에서 물의 수요가 증대함에 따라 저수댐에 의한 수자원 확보대책이 추진되고 있는데, 댐의 수자원 확보 효과를 높이기 위해서라도 댐의 상류부에 분포한 산림에 대해 침식의 발생을 억제하여야 한다.

자연재해의 방지

산림은 산사태, 홍수해, 해일 등의 조해(潮害), 바람에 의한 해, 비사(飛砂)에 의한 해, 눈사태와 같은 자연재해를 막아 준다.

신슈 이나계곡의 마쓰카와(松川) 등의 유역은 해발이 높은 곳의 산림이 벌채된 후부터 산사태며 홍수해가 많아졌으며, 고베(神戸)의 *록코산(六甲山)처럼 치산공사로 숲이 조성된 결과 두드러진 수해가 일어나지 않게 된 곳도 있다.

*록코산 일대의 대규모 개발은 1168년에 시작되었는데, 특히 1583년에 도요토미 히데요시(豊臣秀吉)가 오사카성 축조에 필요한 석재를 공출하면서 그 대가로서 수목벌채를 허가한 후, 그 일대는 남벌로 인하여 대면적의 독나지가 출현하게 되었다. 이에 따라 토사(土砂)와 자갈의 유출이 엄청나게 많아졌으며 재해가 빈발하게 되었으므로, 1897년에는 토사의 유출을 막기 위하여 사방댐을 시공하고 소나무를 조림하기 시작하였다. 그후에도 치산·사방 공사를 적극적으로 실행한 결과, 오늘날과 같이 산림으로 덮이게 되었으며, 홍수해도 감소되었다.

사진 II-1 록코산 경관은 명치 시대에 형성되었다.

또한 홋카이도의 도카라(十勝)평야를 여행하면 경작지를 에워싼 낙엽송 방풍림대가 종횡으로 뻗어 있는 것을 볼 수 있으며, 동해쪽 해안을 따라 걷고 있으면 울창한 해송 방조방풍림(防潮防風林)이 비사를 막고 있는 것을 볼 수 있듯이 산림은 바람에 의한 피해와 비사의 해 등을 막는 효과도 있다.

기후를 완화함

여름철에 날씨가 더운 날에는 가로수 아래로 들어가기만 하여도 상쾌함을 느끼게 된다. 그런 날에 산림 속으로 들어가면 더욱 시원함을 느낄 수 있다. 또한 눈보라 속을 걷다가 산 속으로 난 길로 들어섰을 때 안도하였던 기억을 갖고 있는 사람도 많을 것이다.

산림 속은 식물이 없는 나지에 비하여 최고기온이 낮고 최저기 표 II-2 대기 중에 포함되어 있는 원소농도[마무로(眞室), 1979, 가타야마, 1980, 다다키·기라 편, 『사람과 산림』, 교리쓰출판]

(ng/m³, ng=10⁻⁶mg)

	마그네슘	알루미늄	칼슘	나트륨	크롬	망간	바나듐	셀렌	안티몬	브롬
산림외부	250	580	400	830	4.6	23	7.2	0.35	2.9	5.4
산림내부	180	420	270	620	4.6	19	6.5	0.33	2.7	4.7
농어촌	—	50	100	300	5.0	7	3.0	0.30	0.5	3.0
공장·도시	2,000	2,340	5,300	1,070	60.0	56	80.0	20.0	44.0	40.0

온이 높은 온화한 기후조건이 유지되기 때문에, 여름에는 시원하고 겨울에는 따뜻함을 느끼게 한다. 또한 산림은 증발·증산량이 많아서, 대기의 습도를 높이기 때문에 산림이 있는 지역은 기후가 온화하게 된다.

더욱이 산림은 증산작용을 할 때에 대량의 열을 사용하기 때문에, 산림의 존재는 열 방산(熱放散)에 의한 지역의 기온완화에 큰 역할을 하는 것이다. 열오염(熱汚染)이 심각한 대도시는 주변에 산림이 있을 경우 과잉의 열을 방산시켜 주므로 도시환경이 쾌적하게 된다.

대기정화와 소음의 방지

수목은 이산화탄소를 흡수하고 산소를 공급함으로써 대기를 정화시킬 뿐만 아니라, 대기중의 오염물질과 먼지를 흡착시켜 대기를 정화하고 있다. 따라서 산림 속의 대기 중 부유분진 농도는 표 II-2와 같이 바깥에 비해 항상 낮다. 이것은 산림의 수관부를 이루는 잎에 의해 분진이 포집되기 때문이다.

그러나 오염물질과 먼지는 수목에 유해한 물질이 많아서, 과도하면 수목이 말라 죽게 되는 점에 유의하여야 한다.

산림 내에는 소음원이 없다. 또한 외부로부터의 소음은 산림에 의해 흡수되므로, 산림의 존재는 소음 경감에 물리적 효과를 발휘하는 것이다. 그 뿐만 아니라 나뭇가지 끝을 스쳐 지나가는 바람소리, 잎사귀가 서로 부비는 소리, 작은 새들의 지저귐과 같은 상쾌한 소리에 의해 불쾌한 소음이 사라지는 듯 느끼게 하는 심리적 효과도 있다.

정신적 평온함과 아름다운 풍경의 형성

산림 속의 상쾌한 바람, 작은 새들의 지저귐, 졸졸 흐르는 시냇물, 꽃 향기, 나무의 향기, 싱싱한 수목의 녹음을 대할 때 느끼는 정신적 해방감이며 안온함 등 산림에는 정신적인 평온함을 인간에게 주는 작용이 있다.

산림은 대지의 아름다운 옷이며, 아름다운 풍경을 만들어 내는 요소라는 면에서 볼 때 이 세상에서 가장 중요한 것 가운데 하나이다. 가미코우치(上高地), 오이라세(奥入瀬)계곡과 같은 명승지를 선명하게 채색하고 있는 것도 산림이다.

4. 문화자원으로서의 산림

자연교육의 장

어린 아이들이 창조성이 풍부해지려면 자연 속으로 돌아가야 한다고 하는 말도 있다. 자연이라면 바다나 초원도 있지만, 산림은 복잡·다양함이 가득하며 정보량도 많아서 좋다. 더욱이 환상적인 분위기도 있으므로 자유로이 이런저런 명상에 잠길 여유도 생긴다. 이러한 산림에서 보거나 접하는 체험을 통하여 생각하며 또한 지식을 얻음으로써, 자연의 시스템을 배우며 인간과 자연의 관계를 배울 수 있게 된다. 이것은 그저 자연을 아는 데 그치는 것이 아니다. 활력과 행동력을 몸에 익혀, 인간성이 풍부하고 창조성이 있는 아이로 자라게 될 것이다.

또한 산림에서의 체험을 통하여 아름다움·경이로움·슬픔도 알며, 더욱이 자연에 대한 두려움도 알 수 있게 된다. 그리하여 향토에 대한 사랑과 다른 사람에 대한 헤아림, 약자를 동정하는 심성을 가진 아이로 자라갈 것으로 생각한다.

예술을 낳고 신앙을 키운다

산림에는 아름다운 것과 마음에 감동을 주는 것들이 많이 있다.

산림과 교류가 깊었던 하이네와 같은 사람의 문학 작품에는 산림의 아름다움이 인상 깊게 묘사되어 있어 아름다운 꿈속으로 빨려들어가게 된다. 또한 프리드리히를 중심으로 하는 독일 낭만주의 화가나 코로, 터너, 쿠르베 등이 그린 산림 풍경은 현대에 살고 있는 우리들이 마음속으로 그리는 풍경이다. 게다가 슈만의 피아노 곡이며 베버의 가극 「마탄의 사수」와 같은 음악을 듣고 있으면 산림 속에서 쉬고 있는 것 같은 자신을 발견하게 된다.

산림은 예술가 뿐만 아니라 보통 사람들에게도 예술적 감동을 주어 시나 시조에도 많이 읊어지고 있으며, 사진이며 그림 등의 소재로서 쓰여지는 경우가 많다.

울창한 산림은 신비로우며 인간에게 경외와 두려움을 불러일으키는 힘을 가지고 있다. 일본에서는 오래 전부터 산림은 신이 살고 있는 곳으로서 신성시되어 왔으며, 오래된 나무는 신목(神木)으로서 숭상되어 왔다. 또한 그와 같은 산림이나 신목에 손을 대면 '재앙'을 입는다고 믿어 왔다. 제2차 세계대전 후 과학기술 지상주의의 확산으로 '재앙'을 두려워하지 않게 되었으며, 그러한 산림에도 벌채가 행해진 결과 재해가 발생한 사례는 도처에서 볼 수 있다. 나는 '재앙'을 믿지는 않지만, 산림에는 아직도 모르는 부분이 많으므로 '신이 계시는 곳'으로서 산림을 숭배하는 것에 대해 부정은 하지 않는다.

매우 소중한 레크리에이션의 장

산림 속에서 식물채집이나 곤충채집, 조류관찰과 같은 자연 관찰활동과 각종 예술적 창작활동을 레크리에이션 활동으로서 즐길 수 있다. 또한 등산, 하이킹, 스키, 골프, 게다가 자전거타기, 보트까지 산림 레크리에이션으로 대중화되어 있다.

한편, 명소나 유적지는 산림 속에 있는 경우가 많아 옛날부터 사람들이 즐겨 찾는 행락지가 된 곳이 많다. 또한 벚꽃놀이, 단풍놀이, 산나물뜯기, 버섯따기와 같은 행락이 이루어지기도 한다.

최근 들어 산림 속에는 자외선이 알맞게 흡수된 상태이며, 기온이 산림외 지역에 비하여 안정되어 있고, 방음 효과와 방진(防塵) 효과가 있으며, 산소가 많고 녹음이 풍부하며, 피톤치드(fitontsid)에 의한 심리적·생리적 진정작용이 있다는 이유로,

'산림욕'을 목적으로 산림을 찾는 사람들이 늘고 있으며, 야마카타(山形)현과 나가노현 등에서는 『산림욕 가이드』와 같은 안내 책자를 만들어 배포하고 있다.

5. 산림의 공익적 기능은 어떻게 평가하는가

눈에 보이지 않는 산림의 움직임

임학에서는 산림이 인간사회에 대하여 효용을 만들어 내는 기능을 '산림의 기능'이라고 부르며, 이 가운데 목재와 같은 임산물을 생산하는 기능을 '경제적 기능', 그 외의 기능을 '공익적 기능'이라고 한다. 최근 들어 공익적 기능이라고 하는 용어에는 여러 가지 문제가 있기 때문에 '종합 이용적 기능'이라든가 '사회적 기능'으로 부르는 편이 좋다고 하는 의견도 있으나 아직은 공익적 기능이라고 부르는 경우가 많다. 산림의 공익적 기능은 산림이 인간사회에 대하여 환경자원과 문화자원으로서의 효용을 창출하는 기능이다.

산림에 숨겨진 가치는 12조 엔?

산림의 공익적 기능에 대해서는 구체적으로 알지는 못하나마 예부터 인정되어 왔다. 1970년대에 들어 산림존중과 자연중시 사조가 확산되었는데, 막연히 말로서만 산림의 공익적 기능이 높다고 하여서는 국민들의 이해를 얻기 어려우므로, 화폐적으로 평가하면 더욱 이해가 깊어질 것으로 판단한 임야청은 「산림의 공익적 기능 계량화 조사」(1972)를 실시하였다. 그리하여 산림의 공익적 기능을 화폐가치로 환산한 결과를 다음과 같이 발표하였다.

수원함양 기능	16,100억 엔
국토보전 기능	23,212억 엔
산소공급 기능	48,738억 엔
보건휴양 기능	22,480억 엔
조수보호 기능	17,718억 엔
계	128,248억 엔

이 숫자는 산림이 당시 목재 생산액의 약 20배에 상당하는 액수의 공익적 기능을 발휘하고 있음을 보여주고 있다. 이 시산(試算)은 나름대로 쇼킹한 것이었던 듯하며 신문이며, 잡지 등에 크게 취급되었다. 그러나 반드시 설득력이 있는 것이라고는 할 수 없었기 때문에, 다시 모두의 머리 속에서 잊혀져 갔다.

돈으로는 측정할 수 없는 산림의 역할

이 계량화 평가는 산림의 공익적 기능 모두를 화폐가치로 계산하고자 하였던 점에 무리가 있었다. 화폐적 평가란 어디까지나 시장과 가격을 전제로 한 것이다.

시장과 가격이라는 것은 사회나 인간생활에 있어서 어떤 제한된 한 측면에 불과한 것인데도 산림의 공익적 기능을 단순히 화폐가치로 일원화하여 평가한 것은, 산림이 가지고 있는 다원적인 가치나 효용을 모두 화폐가치로 환산할 수 있다는 잘못된 인상을 준 것이다.

이와 아울러 산림의 수원함양(水源涵養)기능을 계량화하여 평가함에 있어 그 기능을 전부 댐으로 바꿀 경우의 댐 축조비를 가지고 계산한 것처럼 '산림이 없다면'이라는 가설을 세운 그 자체에 무리가 있었다. 현실적으로 산림이 없는 것이 아니고 널리 존재하고 있으며, 이들 산림이 수원함양 기능을 발휘하고 있다. 그렇다고 하여 이들 산림에 그 어느 누구도 그 대가를 지불하려고 하지 않는다. 설령 필요한 국토보전의 경비를, 산림유지의 비용으로 국가가 부담하는 것을 용인하는 사람은 있을 수 있으나 혜택받는 만큼을 돈으로 지불할 용의가 있다고 생각하는 사람은 얼마 되지 않으므로 그와 같은 평가방법은 현실적인 것이 아니었다.

더욱 경관적 가치나 그 곳을 산책하는 사람에 대한 인간성 회복의 가치 등을 화폐가치로 측정하는 것이 가능하다고 생각하는 것은 아주 잘못된 것이다. 이와 같은 가치는 각 개인이 느끼는 주관적인 것이며 질적인 가치이기 때문에, 양적인 기준이나 척도로 판단할 수 없는 것이다. 산림의 가치는 양적인 지표로 환원할 수 없는 것으로서, 거의 대부분 측정 불가능하다는 점에 특질이 있음을 잊어서는 안된다.

그러나 산림의 공익적 기능의 계량화 평가가 전혀 무의미한 것만은 아니다. 이와 같은 계량화를 계기로 오늘날도 산림이 인간생활에 중요한 공헌을 하고 있다는 점, 환경자원과 문화자원으로서 의의가 큰 점 등에 대하여 국민들이 폭 넓게 이해하는 계기가 되었으며, 그 뿐만 아니라 국가적 차원에서 환경자원과 문화자원으로서 내실을 기해 갈 수 있는 정책을 취할 수 있게 되었기 때문이다.

안이한 가치평가는 위험하다

산림은 그 자체가 절대적인 가치를 지니고 있는 게 아니고, 산림과 관련하고 있는 인간에 의해 창출되는 것이다. 그러므로 시대나 나라에 따라, 또한 각기의 문화를 배경으로 산림을 보는 관점에 의해 그 가치가 평가되어 왔다.

일본에서는 산림과 직접적인 관계가 없어져 가는 추세가 계속되어 왔음에도, 최근 들어 오히려 산림을 더욱 소중하게 여기게 되었으며, 그 가치는 효용의 면으로 평가하고 있다. 그러나 산림의 효용은 매우 다양함에도 불구하고, 개개의 효용별로 그 가치를 평가하고 있다. 따라서 이와 같은 방법으로 평가되어진 가치를 신봉하는 사람은 다른 효용에 근거한 가치를 무시하는 경우가 많아서 논의만 잦아졌으며, 산림의 취급에 관하여 대립이 생기기도 하고 현장에서는 혼란이 일어나게 되었다. 그 전형적인 것은 자연보호를 둘러싼 문제인데, 이에 대해서는 이 책의 제 V 장에서 다루었다.

산림의 가치를 그 효용에 근거하여 평가하는 것이 틀린 것은 아닐 것이다. 그렇지만 개개의 효용에 대하여 아직까지 명확히 실증할 수 없는 것들이 많다. 게다가 환경자원으로서의 각각의 효용에 대하여서는 인공 구조물 등으로 대체할 수 있는 경우도 많다. 그러므로 개개의 효용에 근거하여 산림의 가치를 평가하면, 그 효용을 실증할 수 없기 때문에 가치가 없는 것으로 되어 버리기도 하며, 대체물의 설치에 의해 그 가치가 소실되어 버리게 되는 경우가 있음에 유념하지 않으면 안된다. 또한 산림의 효용을 개별적으로 보았을 때는 그리 대수롭지 않다 하더라도, 하나의 산림이 여러 효용을 동시에 발휘할 수 있는 데에 그 가치가 있다는 점을 잊어서는 안된다.

산림의 가치는 질적인 면이 많으므로 양적인 기준으로는 평가하기 어렵다는 점과, 더욱이 개별적·부분적인 평가로는 의미가 없고 종합적인 평가에 의해서만 비로소 의미가 있는 평가를 할 수 있다는 점을 충분히 이해해 주었으면 한다.

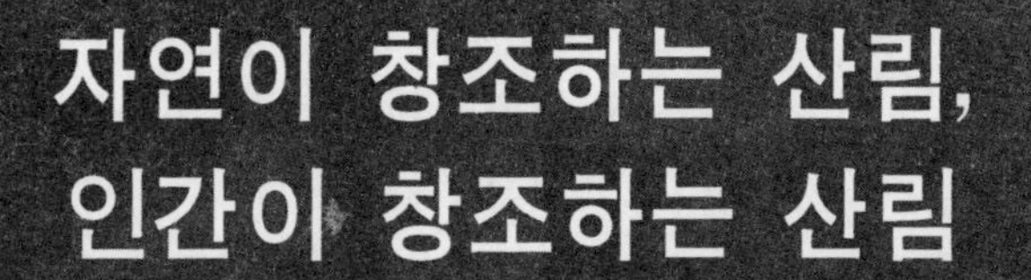

자연이 창조하는 산림, 인간이 창조하는 산림

Ⅲ

원시림, 천연림, 인공림……. 일본의 산림형태는 다양하다. 따라서 각각의 지역마다 고유한 산림풍경이 창출되고 있다. 그중 몇 가지의 대표적인 것을 들어 인간과의 관계라는 관점에서 그 변천을 스케치하여 보자. 분명히 산림은 자연의 선물이지만 단순히 자연에 의존하여 방치해 두었다면 결코 풍부한 혜택은 얻을 수 없었을 것이다. 다시 한 번 인간에 의한 산림작업의 의미를 생각해 보자.

1. 인간이 깊게 관련되어 있는 산림

일본에 원시림은 거의 없다

산림은 살아서 움직이고 있다. 그 움직임을 인간의 눈으로 해석한다는 것은 대단히 어려운 일이다. 화산의 분화 등에 의해 생긴 나지(裸地)는 처음에는 무기물만으로 된 생명이 없는 대지(大地)이지만 비나 바람이 지나는 동안 차차 생물이 정착하게 되어 생명이 있는 대지로 변화하여 간다. 그리고 시간이 지남에 따라 식생은 점차 대형의 식생군락으로 바뀌어 간다. 그것을 단계별로 나타내면 1년생초본군락 → 다년생초본군락 → 저목군락 → 교목군락으로 된다고 한다.

이러한 군락의 이동변화를 '식생천이(植生遷移)'라고 한다. 식생천이의 종착점, 즉 더 이상 식생군락이 변화하지 않는 상태를 '극상(極相)'이라 부르며 그것이 대개 산림의 상태이기 때문에 '극상림(極相林)'이라 부르고 있다.

그러나 이러한 식생천이는 현실적으로 거의 이루어지고 있지 않다. 그것은 식생군락에 대한 인간의 간섭이 너무 심해 자연적인 식생천이의 단계가 무너져 버리기 때문이다.

예를 들면, 1984년에는 나가노현 서부지진에 의해 기소(木曾) 계곡의 오타키(王瀧) 마을에서 대규모의 사면붕괴가 있었고 기소편백림은 극심한 타격을 입었다. 그 붕괴지와 토석류(土石流)가 흘러 지나간 자리 및 붕괴된 토사가 퇴적된 곳의 식생회복을 위해 묘목식재나 파종, 심지어는 헬리콥터에 의한 공중파종 등 다양한 조치가 강구되어 인간의 간섭이 가해진 새로운 산림의

사진 Ⅲ-1 천연림(상), 2차림(중), 인공림(하)

조성이 시도되고 있다. 이와 같이 나출된 토양이 생긴 경우에도 식생천이가 자연의 움직임에 맡겨진 적은 거의 없고 재해복구라는 아름으로 인간의 손이 가해지는 경우가 대부분이다.

하여튼 현재 산림풍경에 가장 큰 영향을 미치고 있는 것은 인간임에 틀림이 없다. 물론 인간의 영향을 전혀 받지 않는 산림도 있는데 그러한 산림은 '원시림'이라고 부르며 엄밀히 말하면 일본에 원시림은 거의 존재하지 않는다.

그러나 인간의 영향을 받고 있어도 그 정도가 극히 경미하여 원시림에 가까운 상태의 모습을 아직 간직하고 있는 산림도 분포하고 있는데 이러한 산림은 '천연림'이라고 한다. 원시림이나 천연림이 비교적 많이 남아 있는 곳은 홋카이도, 도호쿠지방, 중부산악 지역 등이 있다.

원시림이나 천연림은 극상림으로서 환경의 변화가 없는 한 거의 변하지 않는다. 이에 대해 바람·비·산사태 등의 자연현상이나 벌채·산불 등으로 일단 산림이 파괴된 후 점차적으로 자연회복되어 가는 식생천이의 과정에 있는 산림을 '2차림'이라 부른다. 임학에서는 원시림·천연림·2차림을 모두 통틀어 '천연림(天然林)'이라고 하며 인위적인 파종 또는 묘목의 식재에 의해 만들어진 산림을 '인공림(人工林)'이라고 한다.

일본 남서부에 많은 인공림

일본의 난대나 온대에는 삼나무·편백·소나무 등의 침엽수가, 암석지·급경사지·산록부의 절개지 등 조건이 그다지 좋지 않은 곳에 남겨져 천연적으로 군생하고 있다. 이러한 침엽수 중에 삼

사진 Ⅲ-2 정연한 삼나무 인공림

나무와 편백재는 목재로서도 세계적으로 뛰어난 우량재이기 때문에 오래 전부터 여러 용도로 사용되어 왔다. 따라서 천연적으로 군생하고 있던 수목의 벌채가 이루어져 오면서 삼나무·편백재는 고갈되어 갔다. 그러나 이들 목재에 대한 수요는 계속 증가되었기 때문에 목재생산을 목적으로 이들 수종에 대한 식재가 이루어져 인공림이 조성되게 되었다. 일본의 산림면적은 국토면적 약 3,800만ha의 67%에 달하는 약 2,500만ha로, 그중 약 40%에 해당하는 약 1,000만ha가 삼나무와 편백 등의 인공림이다. 그러나 인공림은 남서 일본에 많이 편중해서 분포하고 있으며 북동 일본에는 제2차 세계대전 후에 조성된 것이어서 인공림이 차지하는 비율(인공림률)은 높지 않다. 현별로 보면 인공림률이 60%가 넘는 현은 미야자키·구마모토·사가·후쿠오카·고치·에히메·도쿠시마·와카야마·나라·미에·아이치로 이들 현에서는 삼나무나 편백림이 눈에 잘 띤다. 이에 대해 인공림률 30% 이하인 곳은 홋카이도·니이가타·도야마·히로시마·가가와·오키나와로 이들 현에서 인공림은 마을 가까운 곳에 한정되어 있다.

일본에는 여러 가지 산림이 존재하고 있다. 또한 한마디로 산림이라고 해도 그 모습은 다양하다. 규슈의 해안 가까이에서 볼 수 있는 후박나무림 등은 햇볕이 잎에 반사되어 나타나는 강렬한 녹색으로 압도하는 듯한 느낌을 주지만 홋카이도나 신슈에서 볼 수 있는 낙엽송림으로부터는 정연한 느낌을 받는다. 그것은 기후 등의 풍토요인에 따라서 산림을 구성하는 식물의 종류가 다르고 아울러 *산림의 계층구조도 다르기 때문이다. 산림풍경은 각각의 풍토에 따라 크게 달라진다.

지구상에서는 적도 부근이 가장 고온이며 적도로부터 북극 또는 남극으로 향하면서 저온이 되기 때문에 열대·아열대·난대·온대·아한대·한대라는 기후대로 구분되는데 이것은 누구나 아는 일이다.

산림풍경에 영향을 미치는 주요한 풍토요인은 우선 온도(기온)이고 다음으로 물(강수량)이기 때문에 기후대별로 각각의 기온에 따른 고유의 산림이 마치 거대한 띠와 같이 분포하고 기후

*일본의 산림을 보면 거의 비슷한 높이로 최상층을 점유하는 수목군(교목층)이 있고 그 밑에 약간 낮은 높이의 수목군(아교목층)이 있으며 지면 가까이에는 키가 낮은 수목군(저목층)과 풀과 이끼류(초본층·이끼층)가 있다고 언급되듯이 여러 층의 구조를 보이고 있는 것이 많다. 한편 편백인공림에는 최상층의 편백만이 있고, 그 외의 다른 식물은 거의 생육하고 있지 않은 단층인 것도 있다. 이처럼 산림의 계층구조에서는 다층구조, 복층구조 또는 단층구조 등을 볼 수 있다.

사진 Ⅲ-3 다층구조의 산림풍경

대가 달라지면 전혀 다른 산림풍경을 만나게 된다.

일본은 남북으로 길게 위치하고 있을 뿐만 아니라 표고차도 크기 때문에 오키나와에는 아열대림이 있고, 남서 일본의 난대림, 북동 일본의 온대림 또한 홋카이도나 도호쿠 지방 또는 중부산악지역의 높은 산지에는 아고산대림(아한대림)이 분포하고 있다.

일본의 원시림·천연림으로는 오키나와의 망그로브림, 규슈 지방의 모밀잣밤나무·후박나무림, 떡갈나무림, 혼슈의 전나무림, 너도밤나무림, 오리나무림, 솔송나무림, 자작나무림, 눈잣나무림, 홋카이도의 가문비나무·분비나무림 등이 있다. 더욱이 인간의 산림에 대한 관련 역사도 길어 2차림으로는 상수리나무·졸참나무림, 소나무림, 물참나무림, 자작나무림 등이 있다. 또한 인공림으로는 삼나무림, 편백나무림, 그리고 신슈나 홋카이도 등에 낙엽송림이 넓게 조성되어 있다.

그렇기 때문에 일본에서는 오키나와는 오키나와 나름대로의, 홋카이도는 홋카이도 나름대로 각각 지역 고유의 산림풍경이 만들어지고 있다. 이들 산림풍경 중에서 몇 종류를 선택, 인간과의 관계라는 관점에서 스케치하여 보자.

2. 너도밤나무림-풍요로운 산의 선물

공예품의 생산지

서구에서 너도밤나무재는 오래 전부터 가구재와 건축재 등으로 이용되어 왔지만 일본에서는 삼나무나 편백나무, 느티나무 등의 우수한 목재가 있었기 때문에 극히 최근까지지도 땔감으로 이용될 뿐이었다.

원래 너도밤나무림대에 생육하고 있는 낙엽활엽수인 칠엽수, 느티나무, 침나무, 물참나무 등의 목재는 목공들에 의해 목제도구류의 재료를 만드는 데 많이 이용되어 왔다. 나가노현 기소군 나기소(南木曾) 마을 옻칠단지에서는 지금도 옛날 방식으로 목제품을 만들고 있다. 기소계곡의 칠엽수, 밤나무, 침나무, 느티나무, 단풍나무 등의 목재를 원료로 아름다운 나무결을 이용한 나무쟁반·나무통·과자접시·나무화분·나무공기·샐러드용기 등을 만들어 1980년에는 국가의 '전통공예품'으로 지정되기도 하였다.

또한 나가노현 시모미노치(下水內)군 사카에(榮) 마을과 니이가타현 쓰난(津南) 마을에 걸쳐 있는 아키야마코우(秋山鄕)에서는 칠엽수재를 재료로 전통적인 '함지박'을 만들어 호평을 받고

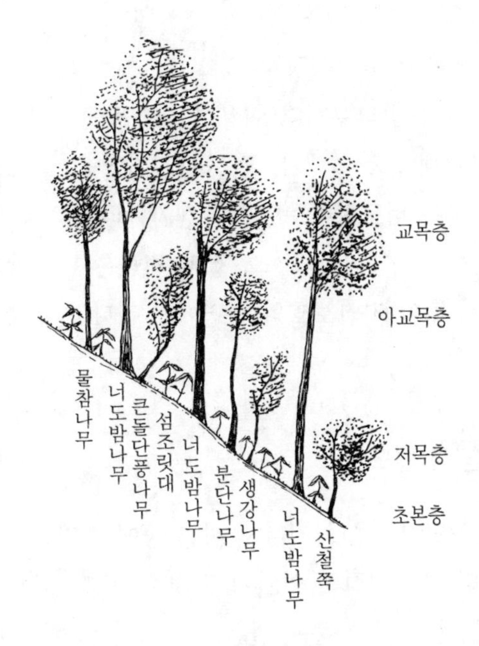

그림 Ⅲ-1 너도밤나무림의 계층구조

있다. 낙엽활엽수재 중에 느티나무재는 최고의 목재로 건축용·가구용·녹로가공용 등 넓게 이용되고 있고 매우 높은 가격으로 거래되고 있다.

그런데 너도밤나무재는 썩기 쉽고 뒤틀리기 쉬우며, 벌채 후의 저장이나 제재 후의 건조가 어렵기 때문에 제재용재로서는 거의 이용되지 않았다. 그러나 너도밤나무재의 축적량이 대단히 많았기 때문에 그 이용개발을 위한 연구가 이루어졌고 제2차 세계대전 후에는 목재가공기술도 발달하여 너도밤나무재는 마루(플로링)용·합판용·가구용 등에 대량으로 이용되었다. 나가노현 가미미노치(上水內)군 기나사(鬼無里) 마을 산림조합에서는 마을내의 너도밤나무재 자원을 이용하여 플로링 제조를 추진하였고 마을의 주요산업으로까지 성장시켰다.

이와 같은 너도밤나무재의 이용이 확대됨에 따라 천연림인 너도밤나무림의 대규모 벌채가 급속히 진행되었다. 그러나 너도밤나무의 벌채지는 너도밤나무로의 갱신이 이루어지지 않고 삼나무나 낙엽송 등이 식재되었다. 그 결과 지금은 너도밤나무림이 거의 남아 있지 않아 자연보호의 측면에서 커다란 문제가 발생되게 되었다.

'생활의 숲'의 변모

지금도 아키야마코우나 기나사 마을 등에 가면 너도밤나무림이 '생활의 숲'이었던 시절의 이야기를 자주 듣게 된다. 너도밤나무림이 가져다 주는 가장 큰 선물은 너도밤나무, 왕가래나무, 산밤나무, 칠엽수 등의 나무열매이다. 너도밤나무의 열매는 예전에는 식용으로 사용되었지만 작아서 채취에 많은 시간이 들기 때문에 점차적으로 그다지 이용되지 않게 되었다는 것이다. 한편 칠엽수의 열매는 지금도 이용되고 있어 칠엽수열매과자 등은 관광토산품으로 각지에서 판매되고 있다.

너도밤나무림이 주는 제2의 선물은 고비, 고사리, 두릅, 섬대 등의 산채이다. 산에 눈이 녹음과 동시에 노인들은 고비를 꺾으러 산으로 간다. 그래서 채취한 고비를 그날 중으로 삶아 양지바른 곳에 펴놓고 손으로 잘 비빈 뒤 햇볕에 건조시켜 말린 고비를 만든다. 말린 고비는 이 지역 노인들의 중요한 수입원이었다.

가을이 되면 너도밤나무림은 버섯의 중요한 산지가 된다. 맛버섯은 너도밤나무림에, 잎새버섯은 물참나무림의 넘어진 나무나

사진 Ⅲ-4 지금은 귀중하게 된 너도밤나무림

벌채근주에 자생한다. 맛버섯이나 잎새버섯 등의 버섯류는 최근에는 골목재배나 톱밥재배에 의해 생산되게 되었지만 자연산 버섯은 인공산 버섯보다 맛이 좋다고 한다.

이처럼 너도밤나무림은 그 지역 주민의 생활의 숲이었지만 최근에 나무의 종자·산채·버섯류 등을 통한 너도밤나무림과의 관계는 민박이나 가공업자의 영역이 되었고 지역주민과의 관계는 아주 미약해져 생활의 숲이라고 이야기할 수 없게 되었다.

그렇지만 최근에 도시에 사는 사람들의 너도밤나무림에 대한 관심이 이상할 정도로 높아지고 있다. 이것은 심한 벌채에 의해 천연림인 너도밤나무림이 빠른 속도로 줄어든다는 위기감에 의한 것이다. 분명히 너도밤나무림은 너무 심하게 벌채되었다고 생각된다. 그것은 너도밤나무재의 경제적 가치가 상대적으로 낮았기 때문에 경제성이 높았던 삼나무나 낙엽송으로 바뀌게 된 것이다.

너도밤나무림이 급속하게 벌채된 것은 너도밤나무재가 대량으로 이용되었기 때문만 아니라 너도밤나무림이 오지에 생육하고 있기 때문에 그 훌륭함이나 아름다움을 대부분의 사람들이 몰랐던 것도 한 이유라고 생각된다.

임학을 공부하는 본인도 너도밤나무림의 사계를 통한 아름다움을 알게 된 것은 독일생활 무렵이었다. 독일 남서부의 도시 푸라이부르크에는 도로변에 아름다운 너도밤나무림이 있어 그곳에 가끔씩 가곤 하였다. 이른 봄의 너도밤나무의 개엽에 앞서 피는 아름다운 숲속의 꽃, 너도밤나무의 상큼한 신록, 너도밤나무의 잎 가장자리의 작은 털에서 부서지는 햇빛, 다양한 색깔을 보여주는 호화로운 가을의 너도밤나무림. 모두가 마음을 빼앗는 훌륭함이었다. 너도밤나무림과 함께 살아온 독일사람들은 너도밤나무를 숲의 어머니라 부르고 있었다. 마음이 안락해지는 장소로 현대인의 마음을 강하게 매료시키는 너도밤나무림은 귀중하게 보존되어야 한다.

3. 기소편백림－인간 지혜의 산물

유산(留山)제도에 의한 보호

기소편백재는 훌륭한 목재로 예부터 이용되어 이세신궁(伊勢神宮)의 왕실용재로부터 교토의 모든 사찰용재 등으로 벌채되어 왔다. 그러나 16세기경까지는 반출기술의 미숙이나 수요가 그렇게 많지 않아 기소계곡의 입구에 해당하는 유부네자와(湯丹澤)

사진 Ⅲ-5 번정에 의해서 형성된 기소편백림

등의 반출이 편리한 곳에서는 벌채되었지만 기소천 본류나 오류천 부근 산림에서의 벌채 반출은 거의 이루어지지 않았다.

그런데 도쿠가와 이에야스(德川家康)가 에도성의 개축에 착수한 게이쵸(慶長) 11년(1606)경부터 기소계곡의 산림벌채가 급속히 진전되어 게이쵸·겐나(元和)·간에이(寬永/1596~1644) 시대에는 에도·나고야·슨푸(駿府)·오사카 등에서의 고급용재 수요의 대부분은 기소계곡 산림에서 충당되었다. 또한 메이레키(明曆) 3년(1657)의 큰 화재에 의해 에도가 잿더미가 되었을 때도 그 복구용재로 기소계곡의 목재가 대량으로 반출되었다.

이처럼 기소계곡에서 산림의 대벌채가 행해진 결과, 산림이 황폐하게 되자 그 복구에 노력한 *오와리번(尾張藩)은 간분(寬文)

*번(藩)은 일본 에도(江戶) 시대의 제후, 즉 다이묘(大名)가 다스리던 영지를 말함.

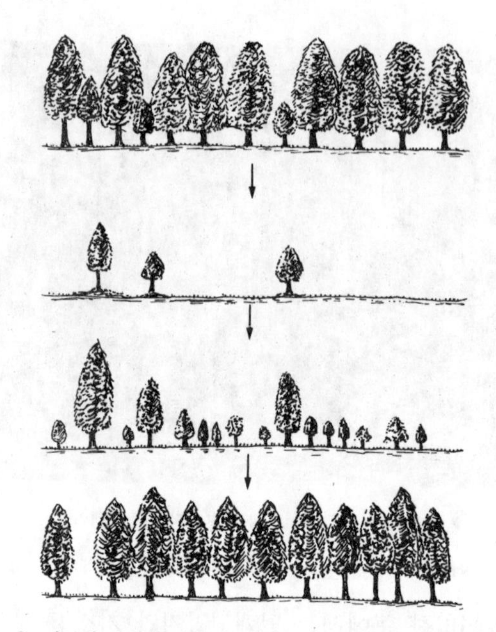

그림 Ⅲ-2 간분의 유산제도로 만들어진 기소의 편백림. 먼저 생육하고 있던 편백이 개벌에 가까운 형태로 벌채되고, 그후 유산제도에 의해 인간의 간섭이 가해지지 않았기 때문에 편백의 갱신이 이루어져 편백 일제림이 되었다.

5년(1665)에 임정개혁을 단행, 일정한 구역에 한하여 일정기간 벌채를 금지하는 제도, 즉 유산제도를 실시하였다. 기소계곡 산림의 대벌채 시대에 개벌에 가까운 형태로 벌채된 임지 중 비옥한 토양인 산복사면은 기소계곡에 많은 조릿대에도 방해받지 않고 비교적 원만하게 기소편백의 갱신이 이루어져 그후의 유산제도에 의해 보호되어 온 산림이 현재 수령 300~350년의 일제림 형태로 남아 있다.

유산제도에 의한 기소계곡의 산림축적 유지에 노력하였지만, 동시에 오와리번의 기소계곡 산림에 대한 재정적 요구는 더욱 거세져 기소편백림의 벌채는 더욱 깊은 오지까지 진행되었으며, 교

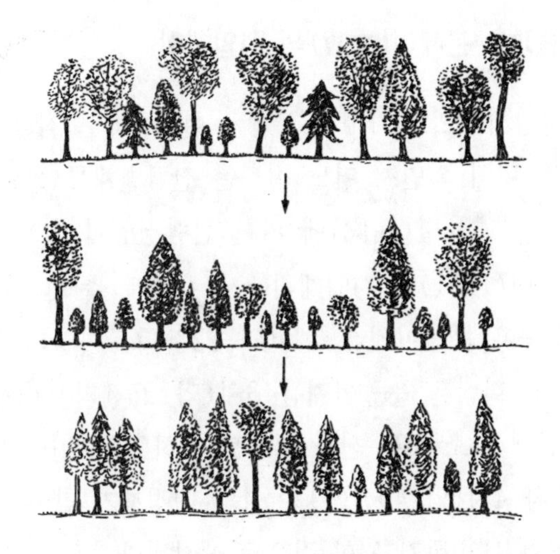

그림 Ⅲ-3 교호의 정지목제도로 만들어진 기소편백림. 이미 생육하고 있던 활엽수·젓나무·솔송나무·편백 등의 혼교림이었던 것이 활엽수가 벌채되고 편백이 남아 있게 되면서 편백 일제림이 되었다.

호기(亨保期/1716~1736)경 까지 개벌에 가까운 형태로 벌채가 계속된 것을 현재 기소편백림의 수령구성에서 알 수 있다.

기소계곡의 산림축적 유지와 오와리번의 재정적 요구라는 모순된 사정을 해결하기 위하여 교호기에 제2차 임정개혁이 이루어졌다. 활엽수가 많이 분포하였고 벌채에 따른 갱신에서도 활엽수가 우세하였던 계곡변에 있어서는, 교호개혁의 일련의 과정으로 호에이(寶永) 5년(1708)에 편백·화백·나한백·금송 등 4수종이 정지목(停止木)으로 벌채가 엄금되고 더욱이 교호 13년(1728)에는 측백나무가 정지목으로 추가되어 '기소5수종'의 벌채가 금지되었다. 그 결과 활엽수의 벌채가 촉진되고 그에 따른 편백의 갱신이 이루어져 활엽수에서 편백으로의 수종전환이 진행됨에 따라 기소편백 미림이 형성된 것이다.

간세이(寛政)·분세이(文政)의 시업계획

교호의 임정개혁으로 기소의 산림은 현저하게 축적을 회복하였기에 18세기 말이 되면서 어느 정도는 산림벌채를 행할 수 있게 되었다. 그래서 *윤벌(輪伐)에 의한 산림경영이 이루어지게 되고 간세이 3년(1791)의 시업계획에서는 편백·측백나무·나한백·금송의 4수종은 눈높이지름 7치(약 22센티) 이상 1자 3치(약 40센티)까지, 화백은 눈높이지름 8치(약 25센티) 이상을 벌채하여 50년간에 기소 모든 산을 일순토록 하였다. 편백 등에서 눈높이지름 1자 4치(약 43센티) 이상의 대경재가 남아 있는 것은 불시의 필요에 대비하기 위한 것으로 생각된다.

이러한 시업계획에 따라 기소계곡의 산림시업이 시행되게 되자 편백과 나한백에 편중된 벌채가 계속적으로 진척되어 편백과 나한백의 감소는 더욱 눈에 띄게 되었다. 그래서 분세이 7년(1824)에는 윤벌계획의 수정이 이루어져 66년간에 기소의 모든 산을 일순한다는 전제하에 눈높이지름 8치(약 25센티) 이상의 나무를 벌채하여 편백과 나한백이 보다 많이 남도록 배려하게 되었다.

이처럼 간세이나 분세이의 시업계획에 의해 벌채된 편백은 대개 100년생 이상의 것으로 100년생 이하의 나무는 남겨졌다. 따라서 산림에 따라 '선택벌채'의 정도가 여러 가지로 변하였기 때

*윤벌은 돌려베기라고도 한다. 산림을 몇 개의 구역으로 나누어 어떤 해에는 그 중의 한 구역에서만 나무를 벌채하고 다음해에는 인접 구역의 나무를 벌채하는 순서로 벌채구역을 순환시켜 가는 방법을 말한다.

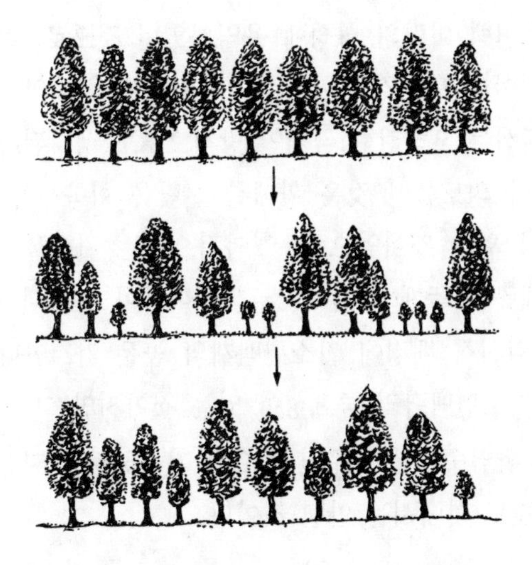

그림 Ⅲ-4 간세이의 시업계획에 의해 만들어진 기소의 편백림. 이미 생육하고 있던 편백이 '솎아베기' 되고 그곳에 편백이 갱신되어 편백림으로 되었다.

문에 기소편백림이라고 해도 같지 않고 여러 가지 산림구성을 보이게 되는 것을 현재의 기소편백림의 산림구성에서 읽을 수 있다.

더욱이 메이지기 이후 왕실림 시대에 *택벌작업이 행하여진 결과 택벌림형을 보이고 있는 기소편백림도 현존하고 있다.

이처럼 기소편백림은 장기간에 걸친 그 시대의 임정의 발자취에 의해 형성된 것으로 임정 그 자체가 임상이라고 하는 형태로 현존의 기소편백림에 남아 있는 것이다. 기소편백림에서 이야기할 수 있는 것은, 기소계곡에서 이루어져 왔던 임정적 조치가 의도적이었는지 우연이었는지는 알 수 없으나 그 과정이 어떠한 형

* 전 산림을 몇 개의 구역으로 나누어 매년 한 구역에서 벌채에 적합한 나무만을 벌채하면서 전체 산림에 대하여 순환적으로 선택벌채가 이루어지도록 하는 방법을 택벌작업이라고 한다.

태로든 기소편백 미림의 형성에 유익하였던 것으로, 어떻게 생각하면 소극적이라고 생각되는 산림보육방법이 실제의 기소편백림 형성을 위해서는 오히려 적극적인 방책으로도 생각된다.

오와리번이 의도했던 것은 황폐한 산림을 회복시켜 자원의 확보를 달성키 위한 것이었으나, 결과적으로는 편백을 생태적으로 우위의 상태를 만들게 되어 기소편백 미림이 형성된 것이다. 물론 이러한 역사적 배경에 기소편백재의 높은 가격이나 기소계곡에 있어서 기소편백림의 중요성이 있는 것이지만 그와 동시에 기소계곡에는 활엽수재를 나무빗 등으로 가공하는 현지산업이 정착되어 있던 것도 잊어서는 안될 것이다.

오랜 인내가 만든 미림

그렇다고는 해도 묵묵히 인내하면서 장기간에 걸친 편백의 갱신을 기다리고, 오랜 세월 동안의 생장을 기다렸던 그 정성이 현재의 기소편백림을 창출해 낸 것이다. 이처럼 묵묵히 견디며 크고 좋은 나무를 키워나가는 기쁨이야말로 임업 본래의 모습으로 생각할 수 있다. 요즈음 기소편백림을 방문하여 수령 300년 이상 흉고직경 1미터에 달하는 기소편백림 속으로 들어가 보면 하늘을 향하여 가지를 뻗고 있는 공간적인 웅대함이나 아름다움에도 감동되지만 그 뿐만 아니라 자연의 은혜나 자연의 가르침 등이 온몸을 흔들어 놓는다.

물론 사회상황이 급속하게 변해 가는 현대에 있어 이러한 인내가 가능하다고는 생각하지 않는다. 그러나 현대의 임업은 너무나도 단기 지향적이 되었고 눈앞의 것만 추구하고 있는 것처럼 생각된다. 역시 임업은 그 기본에 있어 불변적인 것을 필요로 하고 안정된 체계를 유지하는 것이 중요하다.

또한 기소편백재는 훌륭한 목재이다. 오래된 편백재의 강도를 연대적으로 보면 "어떤 성질의 강도이든지 200년까지는 점차 증대하고 그후 점차로 저하되어 1000년 정도를 지나면 새롭게 생장되어 만들어진 목재와 같은 정도의 강도로 돌아온다. 편백의 오래된 목재는 단단하고 강하며 아울러 견고하게 되는데 한편으로는 외부의 힘에 부서지기 쉽게 되기도 한다. 따라서 법륭사의 건축재는 일부의 강도를 제외하면 창건 당시와 변하지 않았다고 생각해도 틀림없다." [오하라(小原二郎), 『나무의 문화』, 가시마 출판회]

이와 같이 강도 면의 훌륭함 뿐만 아니라 기소편백재는 그 아름다움에 있어서도 뛰어나다. 목재를 단지 써버리는 것이 아니라 정말로 좋은 목재를 장기간에 걸쳐 사용한다는 자세가 필요하게 된 오늘날과 같은 자원절약 시대에 있어서 기소편백재야말로 일생을 사용하고도 다시 이용할 수 있는 좋은 나무이기 때문에 보다 높게 평가되는 것이다.

오랜 세월을 사용할 수 있는 목재는 오랜 기간이 걸려야 생산된다고 하는 것은 자연의 섭리일 것이다. 이러한 시점에서 보아도 기소편백림은 귀중하고, 선조들로부터 이렇게 훌륭한 산림을 물려받은 우리들은 이러한 미림의 경영을 계속해서 이어가야 할 책임이 있다.

산림에 대한 인간의 간섭은 그대로 임상으로 나타나는 것으로 에도 시대 사람들의 지혜를 지금의 임상에서 느끼고 있는 우리들로서도 역시 장래의 후손들에게 현시대 인간으로서의 지혜를 임상으로 명확히 보여주고 싶은 것이다.

4. 낙엽송림－다목적 이용에 대한 기대

시정(詩情)을 자아내는 풍경

아사마(淺間)산록의 배경으로 펼쳐져 있는 가루이자와(輕井澤)의 낙엽송림은 기타와라(北原白秋)의 「낙엽송」이라는 시에 의해 여정을 자아내는 풍경이 되고 있다. 이 시는 다이쇼(大正) 15년 가을에 지어진 것으로 그 당시 이미 낙엽송림은 장대한 숲으로 존재하였고, 그 곳을 지나는 바람에서 '쓸쓸함'을 느끼게 하는 것이 있었던 것 같다. 이 아사마국유림에 낙엽송이 본격적으로 식재된 것은 메이지 22년 이후 메이지 39년까지로 번정(藩政) 시대에는 풀을 채취했던 무립목상태의 임지에 식재한 것이다. 에도 시대에 나카센도(中山道)를 지나던 나그네는 계속되는 황량한 초원 저쪽으로 아사마의 거대한 고개를 바라다 본것이었다.

하여튼 이러한 낙엽송의 인공조림이 없었다면 기타와라는 낙엽송림에서 시정이 떠오르지 않았을 것이다. 또한 지금의 울창한 숲과 상쾌한 가루이자와의 풍경도 다른 풍경으로 되어 있을지도 모른 일이다. 가루이자와 현재의 자연풍경을 좋아하는 사람은 많지만 한편 생각하면 이 자연풍경은 사람에 의해 만들어진 것이다. 이런 것을 생각해 보면 자연풍경에 대한 사람들의 기호도 사람들에 의해 만들어진 풍경에 의해 형성되는 것으로도 생각된다.

사진 Ⅲ-6 독특한 경관을 보이는 낙엽송림

그런데 낙엽송 천연림은 원래 나가노현의 산악지대에 분포하고 있었다. 그곳에서 얻어진 천연 낙엽송재는 마쓰모토성의 기초로도 쓰여지고 일반주택의 건축이나 교량 등의 건설에 폭 넓게 사용된 좋은 목재였다. 그러나 수요의 계속적인 증대와 그에 따른 낙엽송 천연림의 벌채가 진행되면서 자원이 고갈되게 되어 아사마산록이나 긴푸(金峰)산록 등에 낙엽송의 인공식재가 이루어지게 된 것이다. 현재 아사마국유림에는 고모로(小諸)번이 가에이(嘉永) 4년(1851)년에 식재하였다고 하는 낙엽송 인공림이 남아 있다.

의외로 짧은 낙엽송의 역사

낙엽송이 임업수종으로서 취급되고 인공식재가 이루어진 것은 메이지 11년(1878)에 제정된 「조림에 관한 조례」나 메이지 14

사진 Ⅲ-7 낙엽송 대면적 일제조림

년(1881)에 공포된「산림보육의 시책」등에 의해 조림이 장려되고 있던 시기의 것으로 대개 100년의 역사를 셀 수 있을 뿐이다.

메이지기에 있어서는 일반사람들이 조림의 의미를 이해하지 못하였고 산은 풀을 얻기 위한 의의가 컸기 때문에 사유림에서는 낙엽송 조림이 별로 이루어지지 않았다. 그러나 국유림·왕실림·공유림 등에서는 적극적으로 낙엽송의 인공조림이 추진되어 나가 노현에서는 아사마산록을 시작으로 이나계곡이나 기소계곡 등까지도 낙엽송 조림지가 확대되었다.

제2차 세계대전 후 목재부족 시대에 낙엽송은 짧은 육성기간에 벌채가능한 '조기육성수종'으로 시대적 각광을 받고 주요 조림수종이 되었다. 그것은 낙엽송이 중부산악 지대로부터 북쪽의 고랭지에 적합하고, 특히 조림수종 선정으로 고심하고 있던 홋카이도 동쪽과 북쪽 지역에서도 양호한 성적을 나타낼 수 있는 것

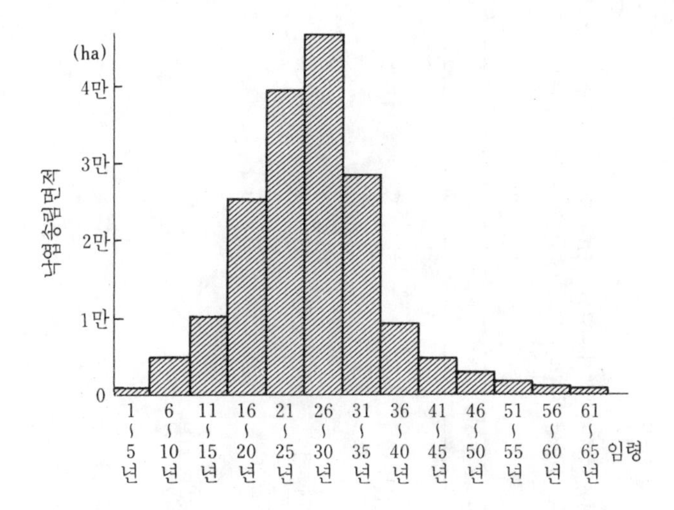

그림 Ⅲ-5 나가노현 민유림의 낙엽송림 임령별 면적. 나가노현의 낙엽송림은 전후에 심어진 것이 많다. 16년생에서 35년생(1950년대에서 1960년대에 걸쳐 식재된 것)의 낙엽송이 80%를 점유하고 있어 '집단세대'를 형성하고 있다(나가노현 임무부자료).

으로 받아들여졌기 때문에 홋카이도나 나가노현에서는 낙엽송에 큰 기대를 걸고 대조림을 추진하였다.

1950년대의 인공조림확대기에 낙엽송은 주요한 역할을 담당하였다. 이 시대에 조성된 낙엽송 인공림으로 잊을 수 없는 것은 홋카이도 시베챠(標茶)의 시범경영림이다. 생산력 낮은 곤센(根釧) 들판에 1957년부터 1966년까지 10년 동안 13억 엔의 자금과 연인원 43만 명의 인력을 들여 약 1만 헥타의 인공림이 조성되었다. 그 결과 곤센 들판의 황무지가 산림이 되고 목재자원을 육성하는 것 뿐만 아니라 산림으로서 다목적인 기능을 발휘하게 된 것이다.

당초 단일 수종의 대면적 조림에 대해 병충해의 큰 발생 등 산

표 Ⅲ-1 낙엽송재의 수령별 용도. 나가노현에서 낙엽송재는 다른 지역의 삼나무재처럼 여러 방면에서 이용되고 있다. 장작이나 숯 또는 토목용 원목이나 철도의 침목으로까지 이용되고 있는 것을 보면 '범용적 목재'로 취급되고 있었던 것 같다(1929, 나가노현 내무부 「신슈의 낙엽송」).

수령(년)	말구직경(치)	길이(자)	이용의 종류
~ 5	0.7~1.0	13	해가림받침목
5~10	1.0~2.0	15~18	족장목, 논의 받침목
~15	1.0~4.0	굽은 재	제탄, 땔감
7~20	2.0~4.0	9, 12, 14	작은 각재, 서까래, 기둥, 횃대, 비늘판
25	5.0	10~13	토대용재, 장선, 판자
30	5.0~	24~46	전주
30	4.0~7.0	15~40	건축용 원목, 토목용 원목
35~	7.5	7~ 8	철도침목
40~		6~12	기둥, 문지방, 천정판, 상인방, 하인방

림을 파괴시킬 위험이 있다는 우려에서 반대하는 사람도 많았지만 그 염려를 극복하고 성림이 되어 있는 낙엽송 인공림을 보고 있노라면 조림의 중요성을 절감하게 된다.

1960년대가 되어 낙엽송 잎끝마름병이 홋카이도·도호쿠 지방을 중심으로 확산되었고 그것을 계기로 낙엽송 조림은 보류되게 되었다. 더욱 나쁜 악재로 목재의 저가(低價) 시대가 도래되고 낙엽송재의 수요에는 어두운 그림자가 들게 되었으며 그후 낙엽송 조림면적은 계속 감소의 길을 걷게 되었다.

낙엽송 인공림의 분포를 보면 낙엽송이 고랭지에 적합하다는 것에 의해 북동 일본의 고랭지에 집중하고 있고, 현재 낙엽송 인공림 면적은 약 80만 헥타로 추정되고 있는데 그중 약 45%가 홋카이도에, 약 25%가 중부 지방(나가노와 야마나시현)에, 약 20%가 동북 지방에 분포하고 있어 이들 지역만으로 90%를 차지하고 있다.

또한 낙엽송 인공조림이 주로 제2차 세계대전 이후에 시작되었기 때문에 유령림의 면적이 넓은 것도 낙엽송 인공림의 한 특징이다. 때문에 낙엽송림 면적이 넓다고 해도 벌채를 하거나 판매가능한 목재가 있는 인공림은 극히 적어 낙엽송 임업이 이루어지고 있다고는 이야기할 수 없는 것이 현실이다.

목재이용에서 풍경의 주역으로

낙엽송의 대조림을 추진하면서 목재의 용도에 대해서는 별다른 고려를 하지 않았기 때문에, 용도문제에서 곤란한 지경에 이르고 있는 것을 당연하다고 낙엽송 조림을 심하게 비판하는 사람도 있표 Ⅲ-2 낙엽송재의 용도별 비율. 2차 대전 후에도 낙엽송재는 그 특성에 맞게 갱목용·토목용을 중심으로 넓게 이용되고 있었다(1963).

단위 : %

소재 원목		제재품	
용도	이용비율	용도	이용비율
제재용	63.0	토목용	46.6
침목용	22.3	건축용	38.8
갱목용	2.5	포장용	10.0
족장목	1.3	기타	4.6
전주용	5.0		
펄프용	4.0		
기타	1.9		
계	100.0	계	100.0

지만, 신슈에서는 소경재로부터 대경재에 이르기까지 여러 형태로 이용되고 있었다. 따라서 1950년대에는 시대적 상황하에서 펄프용·갱목용·토목용으로 대량의 수요가 기대되고 있었다. 그러나 목재칩 수입량의 증대, 일본 국내의 석탄생산정지, 토목공사용 자재의 철근·콘크리트에 의한 급격한 대체 추세 등 사회·경제 정세의 변화에 따른 신소재 시대·목재공급 과잉시대가 되면서 낙엽송 목재의 용도는 더욱 좁아지게 되었고, 이에 따라 낙엽송 인공림 소유자는 낙엽송 임업의 장래를 비관적으로 생각하게 되었다.

반면 최근 들어 낙엽송 인공림이 성장하여 거대한 산림풍경을 창출하기에 이르자 낙엽송림 풍경에 매력을 느끼는 사람들이 증가하게 되었다. 낙엽송림이 가장 아름다울 때는 봄철의 새 순이 날 때로 그 계절에 낙엽송림을 찾은 사람은 그 엷은 녹색에 마음의 평온함을 찾는다. 사람에 따라서는 가을의 노란 잎에 더욱 매력을 느끼는 사람도 있고, 저녁노을에 비치는 황금색의 낙엽송림 앞에서 시간이 가는 것을 잊는 사람도 있다.

이와 같은 낙엽송림의 훌륭한 풍치를 이용하여 별장지 개발이나 레저용지 개발계획의 파도가 낙엽송 임업지대에 몰려오고 있고, 한편으로는 자연보호의 물결이 낙엽송 임업지대에 들이닥쳐 고산지대 낙엽송 임업지에 대한 강한 규제의 움직임이 일고 있다.

지금까지 낙엽송림 조성이 이루어진 것은 모두 목재생산을 위해서였지만 지금에 와서는 낙엽송림의 다원적 이용이라는 사고방식이 강해지고 있고, 낙엽송 인공림 소유자로서도 어떻게 대응하는 것이 현명할까 쉽게 판단이 서지 않는 것이 현실이다.

목적이 다원화되고 가치가 분화하고 있는 현대사회에서 낙엽송 임업을 추진하는 데는 역시 다원적이며 종합적인 이용을 생각하지 않을 수 없지만 그 방향이 잘못되면 결과적으로 후회만 남기게 되므로 각각의 지역에 적합한 추진방향은 각각의 지역에서 창출되기를 기대한다.

5. 소나무림 – 일본인이 좋아하는 산림

누구나 알고 있는 나무

어떤 나무의 이름을 알고 있는 것은 그 나무와 어떤 형태이든 관계를 갖고 있는 것을 의미하는 것으로 생각할 수 있다. 그러한

표 Ⅲ-3 좋아하는 나무 5종류. 이나에서는 산에 있는 나무가, 도쿄에서는 정원에 있는 나무가, 쓰루오카와 미야자키에서는 그 중간적인 성질을 보였다. 산이든 정원이든 소나무를 좋아하는 사람이 일본에는 많다.

쓰루오카		이나	
	비율(%)		비율(%)
삼나무	77.2	소나무	73.2
소나무	76.2	편백	69.1
느티나무	38.5	삼나무	67.0
벚나무	38.2	낙엽송	45.9
단풍나무	38.0	자작나무	41.8
도쿄		**미야자키**	
	비율(%)		비율(%)
소나무	54.8	소나무	78.1
벚나무	48.4	삼나무	76.1
삼나무	42.2	벚나무	40.0
매화나무	37.7	편백	38.9
단풍나무	19.6	녹나무	25.2

관계는 기본적으로 개인적인 것이지만 동시에 사회적 영향을 받기 때문에 이름이 잘 알려져 있는 나무는 그 사회와 관계가 깊은 나무로 생각해도 좋을 것이다.

우리들이 행한 앙케이트 조사결과로는 일본에서 가장 사랑받고 있는 나무는 소나무였다. 벚나무나 삼나무도 나름대로 사랑받는 나무로 언급되고 있지만 소나무의 인기에는 미치지 못하였다. 소나무는 대부분의 사람들로부터 사랑받고 있고 일본은 소나무 문화의 나라라고도 할 수 있을 것 같다.

소나무라고 하는 경우 눈잣나무나 낙엽송 등을 가리키는 것이 아니라 설날에 대문에 세우는 나무로 사용하기도 하고 고전극 무대의 배경으로 그려져 있는 적송이나 해송을 가리킨다. 일반적으로 적송과 해송의 구별은 어렵기 때문에 총칭하여 소나무라고 부

사진 Ⅲ-8 일본인이 가장 자주 보아온 소나무림

르고 있다.

소나무림은 일본 자연풍경의 대표적인 것으로 일본 3경인 마쓰시마(松島)· 아마노하시다테(天ノ橋立)·미야지마(宮島) 모두가 소나무의 명승지이고 선녀가 내려오신 미호노마쓰바라(三保ノ松原)도 아름다운 소나무림이다. 소나무는 소나무림 뿐만 아니라 분재나 정원목·가로수로서도 사람들과 친숙해져 있다. 또한 일본화에 있어서도 오래 전부터 그림의 재료가 되어 왔고, 하세가와 토하구(長谷川等伯)의 송림도병풍(松林圖屛風) 오가타코린(尾形光琳)의 송도병풍(松島屛風) 등의 훌륭한 예술품이 남아 있어 그것에 의해 소나무의 매력을 느끼는 사람도 있다.

더욱이 소나무재는 주택건축에서 대들보·도리목·판자로 이용되어 왔고 연료용으로도 사용되어 왔기 때문에 일상생활 속에서 소나무에 친밀감을 갖는 사람도 많다. 또한 제2차 세계대전 중에는 가솔린의 대용품으로 소나무뿌리기름을 얻기 위하여 소나무 뿌리를 파던 기억을 갖고 있는 사람도 있다. 또한 그보다 더 큰 소나무림의 매력으로 들 수 있는 것은 송이밭이다. 송이는 가을 미각의 왕좌 자리를 차지하는 것으로 예부터 고급 버섯으로 중요시되어 왔지만 그보다 가을의 하루를 송이 채취를 위해 지내는 즐거움도 각별한 것이다. 그런데 적송림을 방치해 두면 점차적으로 활엽수림으로 바뀌어 간다.

신슈대학 농학부 캠퍼스내의 적송림은 약 30년 전까지는 하층의 초본을 인력으로 베고 낙엽이나 죽은 가지를 연료로 사용했기 때문에 적송림 밑에는 산옻나무가 몇 그루 정도 생육하고 있는 상태였지만, 그후 낙엽이나 죽은 가지를 연료로 사용하지 않게 되어 사람들의 채취행위가 없어지고 방치하게 되자 활엽수가 상당히 들어와 큰 적송 중에도 죽는 것이 나타났다. 이대로 방치하면 적송은 점점 죽게 되고, 결국 활엽수림으로 되어 버릴 것이다.

사람과 깊은 관계를 갖는 소나무림

이처럼 자연에 맡겨두면 소나무림은 활엽수림으로 변해 가는데 소나무림이 어떻게 해서 넓게 분포하고 있는가를 보면 사람들의 손이 너무 심하게 숲의 생육과정에 관여하여 식생의 천이가 정지되어 버렸기 때문이다. 즉 농민이 전답의 퇴비용이나 연료용으로 이용하기 위하여 계속해서 소나무림의 낙엽이나 죽은 가지를 채취하였기 때문이다. 또한 지면에 낙엽이나 죽은 가지가 없는 것은 소나무의 천연갱신에 유리하게 작용하여 소나무림을 모두 벌채하여도 종자가 날아와 싹이 나와 다시 소나무림으로 되어 온 것이다.

농업용 낙엽이나 죽은 가지의 채취, 연료용 신탄재의 채취를 통한 소나무림과 인간의 관계는 1960년대까지 계속되었다. 그러나 퇴비나 두엄 등의 유기질 비료가 화학비료로 바뀌고 장작이나 숯이 가스나 석유 등으로 바뀌게 된 1960년대는 소나무림과 인간의 관계에 급격한 변화가 나타난 시대였다. 한편 그 당시의 소나무는 펄프원료로도 각광을 받아 인공적인 식재까지 이루어졌다. 그러나 활엽수재의 펄프화 기술이 개발되고 목재칩이 해외로부터 수입되어 소나무재의 경제적 가치는 저하되고 소나무 용재림의 경영 열의도 식어 버렸다.

또한 더욱 불운한 악재로 남서 일본에서 시작한 소나무재선충의 피해가 점점 북동 일본으로 확대되어 도호쿠 지방에서도 소나무가 죽어갔다. 따라서 '소나무재선충방제특별조치법'에 의해 약제항공살포와 죽은 나무의 제거 노력이 계속되었지만 피해가 끝날 것같은 기색은 보이지 않았다.

이처럼 소나무림의 농용적·용재적 가치가 떨어짐과 동시에 소나무재선충에 의한 피해가 눈에 띄게 되자 임업관계자 사이에서는 소나무에 대한 관심이 저하되고 소나무림을 방치하게 되었다.

소나무림의 방치는 여러 가지 문제를 일으켰지만 그 가운데 가장 큰 문제는 송이버섯 생산의 감소이다. 송이버섯은 방치하여 둔 소나무림에서 자연적으로 발생한다고 생각하는 사람이 많지만 그렇지 않다. 영양분이 궁핍한 토양에서 생육하고 있는 소나무는 뿌리에 공생하면서 영양분을 공급해 주는 균근균의 도움을 필요로 하게 되고, 한편 송이버섯균도 경쟁상대가 적은 거친 토양을 좋아하기 때문에 인간이 낙엽이나 죽은 가지 등을 모두 채취하여 토지를 허약하게 한 곳이 송이버섯의 산지가 된 것으로 사람이 들어가지 않고 방치한 뒤에는 송이버섯이 나지 않게 된 것이다.

소나무림은 아직도 일본의 산림 중에 커다란 부분을 차지하며 임업관계자의 관심이 저하되었다고 하여 그것을 버릴 수는 없는 것이다. 소나무는 대면적의 산림으로 환경보전의 역할을 다하고 있으며 일본 자연풍경의 주역인 것이다. 거기에 송이버섯 등과 같은 임산물은 귀중한 것이고 목재로도 장래의 자원적 가치는 높다고 생각된다.

소나무림을 둘러싼 사회적·경제적 상황은 대단히 어렵지만 앞으로 소나무림에 대해 용재림·송이생산림·풍치림·방재림 등으로 각각 적절한 취급을 함으로써 산림의 다목적 이용에 큰 효과를 발휘할 수 있을 것이다.

6. 삼나무림－목재자원의 육성

최고의 목재자원

삼나무는 여러 가지 용도가 있지만 중요한 것은 기둥·도리·중방 등과 같은 건축용재이다. 삼나무재는 우리 일본과 같은 풍토의 목조건축에서 사용되고 있는 목재 중 가장 적합한 목재라고 목재연구자는 말하고 있다.

건축용 소재의 최고급품으로 '연마광택통나무'가 있다. 이것은 교토의 기타야마(北山)나 나라의 요시노(吉野) 등에서 특수하게 가공한 통나무로 모래, 천, 물을 사용하여 통나무 표면을 문질러

사진 Ⅲ-9 아름다운 삼나무 인공림

윤을 낸 뒤 통나무의 한쪽 면을 상단부에서 하단부까지 완전히 켜는 *세와리(背割り)를 만들고 그곳에 몇 개의 꺽쇠를 박아 건조에 의해 표면이 갈라지지 않도록 하였다. 연마광택통나무는 주로 거실의 기둥으로 사용되고 있으나 도리목이나 서까래 등의 장식용으로도 이용되고 있다.

예전에는 나라의 요시노나 아키타 등의 삼나무재는 청주(淸酒)통이나 청주양조용 술통을 만드는 데도 사용되고, 규슈 오비의 삼나무재는 배를 만드는 데도 사용되었다. 또한 전국 각지에서 삼나무재는 통이나 상자 등 생활용품의 여러 가지 용도로도 이용되었다. 그러나 플라스틱 등의 공업소재가 만들어지고 생활양식의 변화에 의해 삼나무재의 용도는 상당히 축소되어 버렸으

*세와리는 건조에 의해 통나무 기둥의 표면이 갈라지지 않도록 하기 위하여 한쪽 면을 미리 톱으로 켜 놓는 것을 말함.

나 그래도 아직 많은 수요가 있다.

그런데 삼나무 인공식재의 역사는 대단히 오래되어 그 초기에는 목재생산을 위한 것보다는 신(神)의 의복으로 식재된 것 같다. 목재생산을 목적으로 하는 삼나무조림지의 조성은 목재의 운송이 가능한 하천의 주변에서부터 시작되었다. 삼나무재는 부피가 대단히 크지만 물에 뜨기 때문에 강물을 이용해 쉽게 반출할 수 있었기 때문이다. 그리고 목재 수요가 확대되어감에 따라 임업지는 규슈·시코쿠·혼슈 등의 각지에 형성되게 되었다. 쉽게 생각 나는 삼나무임업지만도 규슈에서는 오비·히타(日田)·오구니(小國), 시코쿠에서는 야나세(漁梁瀨)·구마(久萬)·기토우(木頭), 혼슈에서는 치즈(智頭)·요시노(吉野)·기타야마(北山)·텐류(天龍)·니시카와(西川)·산부(山武)·아키타(秋田) 등을 들 수가 있다. 더욱 세밀히 이야기하면 유명한 삼나무 임업지는 규슈·시코쿠·혼슈의 각 현에 하나씩 있다고 말할 수 있을 정도이다.

지역에 따라 다른 재질

규슈에서 도호쿠 지방까지 분포하는 삼나무는 그 성질적 측면에서 보면 생육이나 재질에 커다란 차이가 있다. 천연의 삼나무는 그 생육지의 기후형에 따라 일본 국토의 태평양 쪽에 분포하고 있는 삼나무와 일본해 쪽에 분포하고 있는 삼나무로 구분되고 양쪽의 성질에는 큰 차이가 보인다. 임업에서는 품종으로 차이를 구분하고 있지만 지방품종까지 이야기하면 그 수는 대단히 많아진다. 특히 규슈에는 삽목기술의 오랜 역사적 배경 때문에 품종명이 200종을 넘고 있다.

이처럼 삼나무는 품종이 극히 많기 때문에 각각의 보육방법에 차이가 있게 되고 또한 삼나무재의 이용도 각각의 지역문화에 따라 차이가 있다. 이러한 것들이 복합되어 각지에서는 고유의 삼나무임업이 이루어지고 있고 기술도 지역에 따라 다양하다.

나라 요시노 지방의 밀식 삼나무림에서는 *완만통직한 수간을 갖는 임목을 생산하고 있어 '우량재 생산'의 모델이 되고 있다. 기술적으로 뒤진 삼나무임업지에서는 요시노임업을 목표로 하는 행정담당자의 지도가 이루어지고 있지만 여러 가지 이유에 의해 요시노임업지에서 볼 수 있는 것과 같은 훌륭한 삼나무림을 생산하는 것은 상당히 어려운 일이다.

유명한 교토 기타야마의 삼나무

삼나무 산림풍경으로 아름다운 곳을 꼽으라면 교토 기타야마의 삼나무림을 들고 싶다. 이곳의 삼나무림은 자연림이 아니라 완벽한 인공림이다. 자연의 삼나무림이라면 수관의 모양이 긴 원추형으로 강한 느낌을 주는 데, 이에 비해 기타야마 삼나무의 수관은 심한 가지치기로 원줄기 끝부분에 조그만 구형(球形)으로 붙어 있을 뿐이다. 따라서 수간은 가늘고 곧게 성장하며 수간 중간부에는 전혀 가지가 없다. 이와 같은 직선적인 수간이 집단을 이루어 직립하고 있는 아름다움은 기술의 정수라고도 이야기할 수 있는 매력적인 것이다.

지금은 거의 없어졌지만 예전에는 주로 '대삼가공'이라 하여

* 수간의 굵기에서 상부와 하부가 큰 차이를 보이지 않는 상태를 완만이라 하고 구부러지지 않고 똑바른 상태를 통직이라 한다.

사진 Ⅲ-10 교토 기타야마의 삼나무림

교토 기타야마에서는 원목 표면을 문지른 통나무 목재가 생산되었다. 대삼가공이라는 것은 지면 가까이에 가지 몇 개를 남기고 원줄기 수간을 지상 80cm 정도의 높이로 벌채한 뒤, 벌채된 근주를 대목으로, 남겨진 가지를 다음 세대의 원줄기 수간으로 생육시키는 방법으로 1그루의 대목에서 수십그루의 수간을 생산하는 매우 특이한 무육방법이다.

그러나 건축양식의 변화에 의해 대삼가공의 주제품인 서까래의 수요가 줄어든 것과 대삼가공이 고도의 기술과 많은 인력 소모로 고액의 경비가 들기 때문에 현대사회에서는 친숙해지기 어렵게 되었다. 따라서 대삼가공에 의한 표면처리원목 생산은 그 자취를 감추게 되고 현재 표면처리원목의 생산은 대삼가공법이 아닌 일반적 식재방법에 의해 이루어지고 있다. 따라서 대삼은 정원목으로만 남아 있다.

시대의 흐름이라고는 하지만 훌륭한 임업기술이 없어지는 것은 안타까운 일이다.

7. 잡목림 – 현대문명에 대한 소리 없는 고발자

일상생활을 지켜준 숲

잡목은 삼나무나 편백과 같은 유용한 수종과는 달리 이렇다 할 효용가치가 없는 부류의 나무를 일컫는 것이고, 잡목림은 너도밤나무, 상수리, 밤나무, 오리나무 등으로 구성되는 낙엽활엽수림으로, 특히 무사시노(武藏野)의 잡목림은 유명하였다.

도쿠토 미로카(德富蘆花)는 「자연과 인생」에서

> 나는 이 잡목림을 사랑한다.
> 잡목림의 나무는 졸참나무, 상수리나무, 오리나무, 밤나무, 옻나무 등이 대부분이나 그 외에 또 있을 것이다. 큰나무는 드물고 대부분 그루터기에서 싹이 튼 작은 나무들이다. 하층식생은 거의 없으며 드물게는 소나무의 아름다움보다 뛰어나기도 하며 푸른 가지와 잎들이 파란 하늘을 덮고 있다. …… 봄이 찾아와 엷은 갈색, 엷은 녹색, 엷은 적색, 엷은 보랏빛, 엷은 노랑색 등 부드러운 색을 모두 망라한 새 잎이 필 때는 이를 어찌 혼자 볼 수 있겠는가.

라고 잡목림의 아름다움을 노래하고 있으며, 구니키다돗포(國木田獨步)도 '무사시노'에 대해서

> 옛날의 무사시노는 끝없는 들판풍경으로 유명하였는데 지금의 무사시노는 숲이 되었고, 숲은 현재 무사시노의 특징이 되었다. 나무는 주로 졸참나무류로 겨울에는 모두 낙엽이 지며 봄의 방울져 떨어질듯한 신록의 변화는 치지브령(秩夫嶺) 동쪽으로 수십 리에 이른다. 봄·여름·가을·겨울을 통한 안개, 비, 달, 바람, 눈, 나무그늘, 단풍 등에 따라 여러가지 풍경을 보이는 그 오묘함은 일본 서부와 도호쿠 지방의 사람들에게는 이해하기 어려운 일일 것 같다. 어쩌면 일본사람들은 지금까지 졸참나무류의 아름다움을 별로 몰랐던 것 같다. 숲이라면 주로 소나무만이 일본의 문학과 미술에 나타나 있고 노래에서도 졸참나무림 속에서 빗소리를 듣는 것 같은 풍경은 찾아볼 수가 없다.

라고 잡목림을 묘사하고 있다. 예에서와 같이 잡목림을 중시하는 사람들이 많아지고 더욱이 친근감을 갖게 된 사람도 늘어나는 것 같다.

그러나 잡목림은 기본적으로 자연미를 위하여 관리된 것은 아니다.

잡목림은 불과 30년 전만 해도 우리들의 일상생활에 밀착된 숲이었다. 상수리나무나 졸참나무로 숯이나 장작을 만들고 그 숯으로 끓인 차를 마셨으며 그 장작으로 지어진 하루 세 번의 식사에서 활력을 얻었다. 그 숲에서 떨어진 낙엽 등은 밭의 중요한 비료가 되었고 잡목림의 주변이나 그 숲속에서 나는 초본류는 가축의 먹이가 되었다. 또한 잡목림은 아이들의 놀이터이기도 했다. 나무의 수액 때문에 모여드는 풍뎅이나 하늘소류는 무엇보다

사진 Ⅲ-11 무사시노의 잡목림. 이전에는 이러한 풍경은 어디서든지 볼 수 있었다.

도 매력적인 것이었다.

사라져가는 잡목림

그러나 장작이나 숯은 우리들 주위에서 자취를 감추었다. 가스나 석유, 전기로 바뀐 것이다. 그래서 비료나 사료는 농협에서 사게 되고 잡목림에서 풀이나 낙엽을 모으는 사람은 없어지게 되었다. 그렇다고 해서 우리들은 영원히 잡목림을 잃어버려도 좋은 것일까.

"잡목림을 성립시켰던 시대에는 적어도 자연과 인간의 영위에 일정한 조화가 있었고 은혜의 교환이 있었다고 생각된다. 자연의 법칙은 합리적인 모습으로 인간생활 속에 들어오고, 자연계의 물질순환 궤도에 인간도 참가하였다. 잡목림은 식생천이의 극성상은 아니었지만 식물군락이 문화와 오묘한 균형을 유지하고 있었던 모습이라고 이야기할 수 있다.

잡목림을 잃어버리는 것은 우리들의 커다란 미래를 잃어버리는 것으로 생각된다. …… 우리들의 생활방식에서 잡목림은 사라졌지만 쓸쓸한 묵시로 메아리 치고 있는 것처럼 보인다. 잡목림이야말로 현대문명에 대한 소리 없는 고발자인 것이다."[아시다(足田輝一), 『잡목림의 사계』, 헤이본샤]라는 이야기를 충분히 이해하여 우리들은 잡목림의 재생을 위해 노력해야 한다고 생각한다.

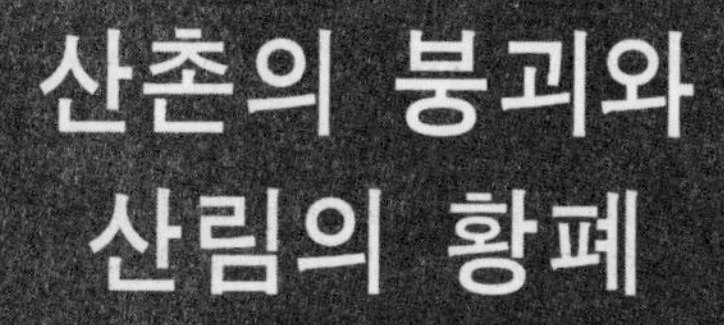

Ⅳ

산촌사회가 붕괴되고 있다는 소리가 높고 산림의 황폐 문제가 대두되어 있다. 고도성장 경제가 가져온 여파라고 말할 수 있다. 어째서 산촌사회는 붕괴위기에 처해 있으며, 왜 산림은 황폐해 가는데도 내버려져 있는가. 이러한 문제를 낳게 한 사회적 배경과 산림소유자나 임업종사자의 의식변화를 살펴가면서 임업의 새로운 모습과 산림재생을 위해 무엇이 필요한가를 생각해 본다. 예컨대, 산림의 소유와 경영의 분리, 공동작업화, 새로운 임업기술의 개발 등 타개해야 할 것이 아직 많다.

1. 산촌사회는 변모하였다

계속 감소해 가는 산촌인구

산촌은 산림이 차지하는 면적 비율이 높으며 급경사지가 많고, 또한 표고도 높아 토지이용 면에서의 제약이 많다. 그만큼 교통조건의 정비도 낙후되어 있으며, 경제의 고도성장기를 통해 청년층을 중심으로 산촌에서 도시로의 인구 유출이 계속되어 '과소화(過疎化)'가 진행되어 왔다. 또한 농림업을 비롯한 산업의 쇠퇴와 생활환경 정비의 미진으로 인해 지역사회의 활력이 현저하게 떨어져 있다. 최근 들어 인구의 감소추세가 둔화되긴 하였지만, 인구감소는 여전히 계속되고 있다. 또한 노동인구가 줄어들어 65세 이상의 고령자가 차지하는 비율이 높아지고 있다. 산림을 지켜갈 사람이 반드시 산촌주민이어야 하는 것은 아니라는 사람도 있지만, 산림이나 임업을 존립시키고 지탱하는 기본바탕은 산촌에 있으며 산촌에 사는 사람들의 생활이 성립되지 않고서는 산림이 좋아지지 않는다고 단언할 수 있다.

본래 산촌에 사는 사람은 산림과 더불어 살아 왔으며, 산림에서 주로 연료로 사용할 땔감을 채취하여 수입원으로 하였다. 또한 조림이나 무육과 같은 노동에 종사하는 것도 수입을 얻는 큰 수단이었다. 이 밖에도 여러 면으로 산림과 관계하면서 산림의 유지·관리를 하여 온 사람은 바로 산촌에 사는 사람들이었다. 그러나 석유, 가스, 전력 등에 의해 땔감이 대체된 '연료혁명'이나 활엽수가 펄프원료로서 수요가 늘어난 것과 같은 사회·경제 구조의 변화에 의해 땔감재 생산은 급격히 줄게 되었으며 산촌에

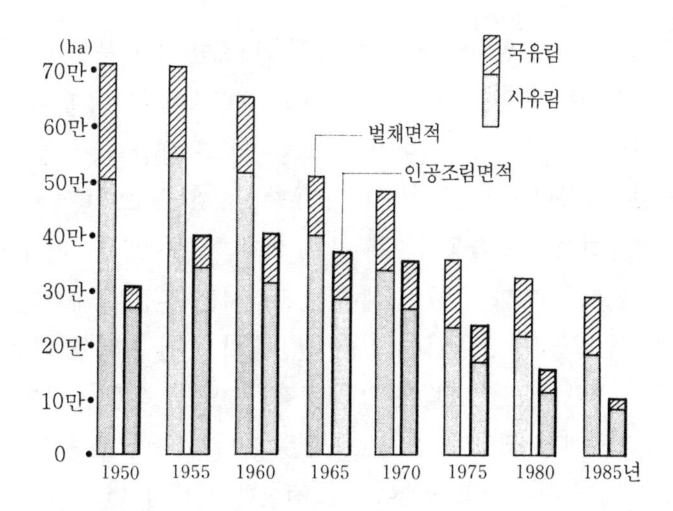

그림 Ⅳ-1 벌채 면적과 인공조림 면적의 추이. 1950년대에는 벌채 면적, 인공조림 면적이 모두 많아 임업활동이 활발하였으나, 1960년대에 들어서는 각각의 면적이 감소하는 경향을 나타내게 되었다. 1970년대 이후는 양자 모두 급속히 감소하고 있으며 베지도 않고 심지도 않는 상황이 계속되고 있다(『임업통계요람』).

사는 사람들의 경제기반이 크게 동요되었다. 떫감 생산이나 양잠 등으로 생계를 유지해 온 산촌주민의 대부분은 산촌에 살면서 활엽수 펄프용재의 벌채·반출에 종사하는 노동자나 인공조림지의 육림과 같은 일에 종사하는 노동자로 되었지만 도시로 떠난 사람도 있다.

정체하여 있는 임업

활엽수 펄프용재를 벌채한 자리는 삼나무나 편백과 같은 침엽

* 확대조림이라고 하는 것은, 천연림을 모두베기(개벌)하고 인공림으로 전환시키는 것을 말함.

수 용재림으로 전환되었다. 이것을 *'확대조림'이라 부르며 대량의 용재생산를 목표로 하는 임업정책의 대방침이기도 하였다. 이러한 확대조림을 이끌어 온 것은 그 무엇보다 땔감재 생산 쇠퇴 후의 가족노동력에 의한 '자영(自營)조림'이었다. 그러나 목재불황이 도래하여 생산활동이 정체하게 되자 '자영조림'은 거의 행해지지 않게 되었다. 1970년대에 이르러서는 후진지 개발의 하나로서 '임업공사' 조림이나 깊은 산간오지 수원 지역을 대상으로 한 '삼림개발공단' 조림과 같은 공적인 자금에 의한 조림이 확대조림의 주체가 되었다. 요시노(吉野) 지방과 같이 오래된 임업지를 제외한 대부분의 산촌에서는 전술한 형태의 인공조림화가 진행되었으나, 그러한 조림 진척상태는 사회나 경제상황을 그대로 반영하여 큰 진폭을 보여왔다.

경제성을 추구하여 산촌에서는 침엽수 용재림화가 진행되어 왔음에도 불구하고, 대부분의 산촌은 거의가 제2차 세계대전 후에 식재된 산림이 분포한 '미숙한 인공림 지역'이므로 벌채하여 용재로서 상품화하기까지에는 아직 요원하다. 따라서 현시점에서 인공용재림을 육성하는 데는 손이 많이 갈 뿐만 아니라 자금이 소요될 뿐이며 산업면이나 경제면에서의 역할이 그다지 높은 것도 아니다. 따라서 산림에서 나오는 수입에 의존할 수밖에 없는 산촌에서는 생활이 어려워지게 되었으며, 그 결과 인구의 과소화가 진행되어 주민이 고령화되었고 후계자가 정착하지 못하는 상황이 되고 말았다.

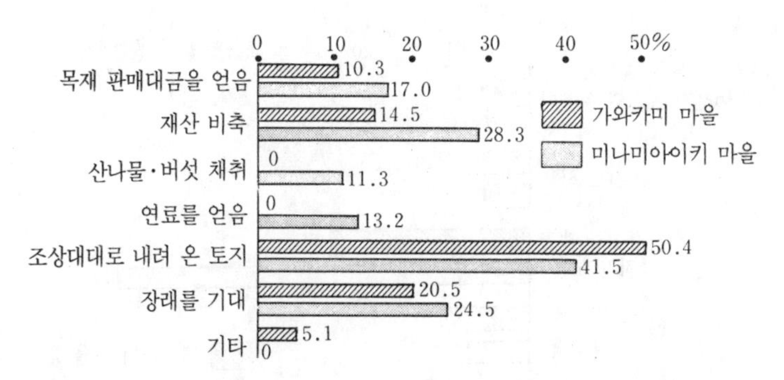

그림 Ⅳ-2 산림을 소유하고 있는 목적(복수회답). 산림은 '조상대대로 내려 온 토지'이므로 소유하고 있다고 하는 사람이 많다.

2. 임업이탈 현상은 왜 일어나는가

무엇 때문에 산을 가지고 있는가

예부터 산촌에서는 모든 사람이 농업·임업에 종사하였으며 산림에 대한 경제적 의존도가 높았으나, 최근에는 임업의 부진과 가꾸는 단계에서의 번거로움 및 자금이 지나치게 많이 소요되는 등의 이유로 산림 이외에서 현금 수입원을 추구하여 관광업이나 고랭지 채소농업 등에 의해 현금수입을 올리고 있는 산촌도 많아졌다. 이와 같은 산촌에서는 '임업이탈 현상'이 더욱 두드러지게 나타나고 있다.

산촌에서의 '임업이탈·산림이탈 현상'을 나가노현 가와카미 마을과 미나미아이키 마을에서 실시한 「주민의식 조사」(1985년)의 결과에서 살펴보고자 한다. 가와카미 마을은 전국 유수의 고랭지 채소 생산지로서 마을사람들은 양상추 생산에 의해 높은 소

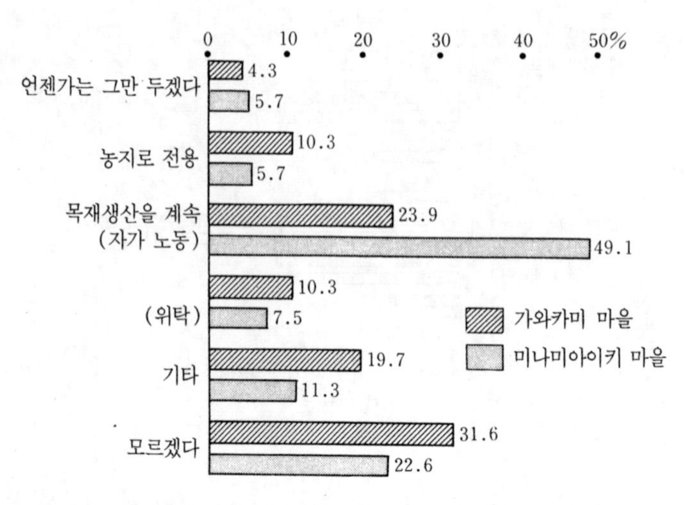

그림 Ⅳ-3 앞으로의 산림경영의 방향. 앞으로도 '목재생산의 계속'을 고려하고 있는 사람이 적다.

득을 올리고 있어 임업에 대한 경제적 의존도가 낮아지고 있는 마을이다. 한편 인근부락인 미나미아이키 마을은 가와카미 마을의 영향을 받아 고랭지 채소를 생산하게는 되었지만, 아직 임업에 대한 경제적 의존도가 높은 산촌이다.

우선 '무슨 목적으로 산림을 소유하고 있는가'에 대해서는, '조상대대로 내려 온 토지'이기 때문이라고 응답한 것이 두 마을 모두 가장 많아, 적극적으로 임업을 실행하고자 하는 의식이 산촌에 살고 있는 산림소유자들에게 있어 기본적으로 결여되어 있음을 알 수 있다. 또한 임업에 대한 경제적 의존도가 저하하고 있는 가와카미 마을에서의 산림소유자는 '장래를 기대'·'재산비축'이라고 응답하고 있어 산림과의 구체적인 관계를 가지려 하지 않고 있다. 한편 아직 임업에 대한 의존도가 높은 미나미아이키 마을에서는 '재산비축'·'장래를 기대' 이외에 '목재대금을 얻음'·

표 Ⅳ-1 산림에 가는가? 산촌에서도 산림에 가지 않는 사람이 늘고 있다. 나가노 현에서는 '산나물·버섯 채취' 하러 산림에 가는 사람이 가장 많으며 '산림의 손질'을 위해 산림에 가는 사람이 줄고 있다(내역은 복수회답).

	가와카미 마을	미나미아이키 마을
〈간다〉	43.6	52.8
산책	7.7	5.7
산나물·버섯 채취	29.0	30.2
임목의 손질	8.5	30.2
기타	2.6	3.8
〈가지 않는다〉	47.0	41.5
산림을 가지고 있지 않다	0.9	15.1
일이 바쁘다	14.5	18.8
갈 필요가 없다	25.6	—
기타	6.8	7.5

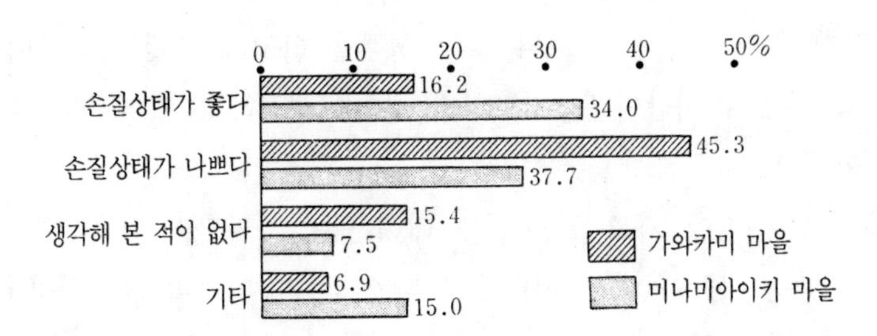

그림 Ⅳ-4 주변 산림의 손질 상황. 산촌에서 산림에 가는 사람이 줄어 '산림의 손질상태가 나쁘다'고 생각된다.

'연료를 얻음'·'산나물·버섯 채취'라는 응답에서 알 수 있듯이 산림과의 현실적인 관계를 가지기 위하여 산림을 소유하고 있다.

다음으로 '앞으로 산림경영의 방향'에 대한 의식을 보면, 미나미아이키 마을에서는 거의 절반 가량의 사람이 '자가의 노력으로

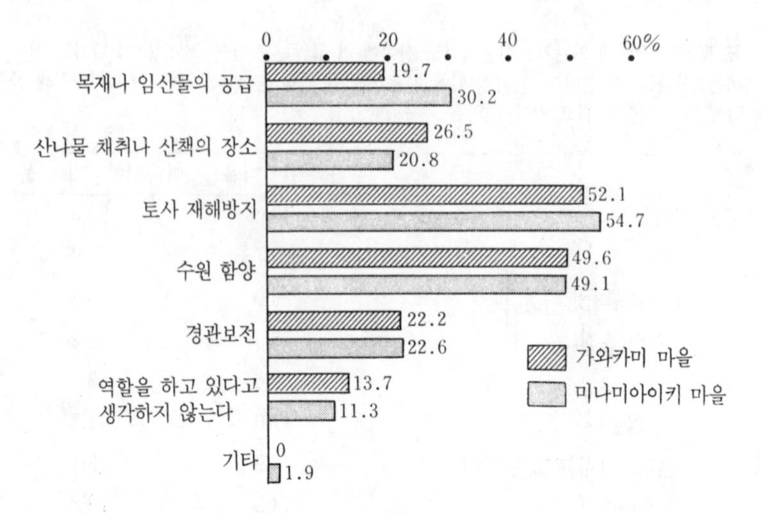

그림 Ⅳ-5 산림이 수행하고 있는 역할. 산촌주민도 '토사 재해방지'나 '수원 함양' 쪽이 '목재나 임산물의 공급'보다 큰 역할을 하고 있는 것으로 생각하고 있다.

목재생산의 유지'를 생각하고 있으나, 가와카미 마을에서는 약 4분의 1 정도의 사람이 그와 같은 생각을 하고 있음에 불과하며, 또한 10%의 사람이 '농지로의 전용'을 생각하고 있어 '임업이탈'이 두드러졌다.

또한, '산림에 가고 있는가'에 대해서는, 가와카미 마을에서는 가지 않는 사람이 가는 사람보다 다소 많고, 미나미아이키 마을에서는 가는 사람 쪽이 약간 많다. 산림에 가는 내용에 대해 살펴보면 미나미아이키 마을에서는 '임목의 손질'·'산나물·버섯의 채취'를 위해 각각 30%의 사람이 산림에 가고 있으나, 가와카미 마을에서는 '임목의 손질'을 위해 산림에 가는 사람은 9% 정도에 불과하며, 또 26%의 사람이 '갈 필요가 없다'라고 응답하고 있어, 임업이탈뿐 아니라 '산림이탈'이 진행되고 있음을 알 수 있다.

'산림의 손질 상황'에 대한 의식을 보면, 미나미아이키 마을에서는 비교적 산림에 손질을 하고 있는 편임에도 '손질상태가 나쁘다'라는 사람이 실로 38%에 달하여 임업에 대한 관심이 있음을 알 수 있으나, 가와카미 마을에서는 산림의 손질을 그다지 하고 있지 않으면서 '손질상태가 나쁘다'라는 사람이 45%나 될 뿐만 아니라 '생각해 본 적이 없다'라고 응답한 사람이 15%나 되어 임업에 대한 무관심이 심화되어 있음을 알 수 있다.

그런데 '산림이 수행하는 역할'에 대한 의식을 보면, 두 마을 모두 다양화가 진행되고 있다. 특히 '국토보전'이나 '수원 함양' 등에 대해서는 대다수의 사람들에 의해 거론되고 있는데도, '목재나 임산물의 공급'을 들고 있는 사람은 미나미아이키 마을에서도 30%, 가와카미 마을은 20%에 불과하다. 임업이탈은 가와카미 마을에서 먼저 시작하였으며 미나미아이키 마을에서도 그 뒤를 따르고 있는 게 확실한 것 같다.

돌볼 수 없는 산림

일본은 세계 유수의 산림국으로서 국토의 약 3분의 2가 산림이며 수목의 종류도 많고 그 생장도 매우 좋은 점에서 임업의 기초적 조건에는 혜택을 받은 나라임에도 불구하고, 현재 산촌에서 임업 이탈이 진행되고 있는 것은 어째서일까.

그 해답은 명쾌하다.

공업화·도시화된 현대사회가 되면서 수입재의 공세에 의해 목재가격이 하락하고 있으며, 게다가 청년층 노동력의 도시 유출이 심화되어 임업 노동력의 고령화, 임금의 상승 등으로 인해 산림을 소유하고 있는 것이 확실한 수입원이 되지 못한다는 인식이 산림소유자들 사이에 자리잡은 것이 임업이탈의 주원인이다. 더욱이 가와카미 마을에서의 조사결과와 같이 산촌사람들도 소득원을 임업 이외의 것에서도 추구할 수 있게 된 것도 임업이탈이 가속화되고 있는 원인이다.

그리하여 일부 임업지역을 제외하고는 전국적으로, 산림소유자들은 소득을 얻기 위한 벌채를 거의 행하지 않게 되었으며 조림도 하지 않고 심지어 스스로 조림한 인공림에 대해 손질조차 하지 않게 되었다.

3. 황폐해 가는 산림

밖에서는 알 수 없는 모습

예전에는 수목이 무럭무럭 자라서 아름다우며 아이들도 즐겁게 뛰놀던 소중한 '마음의 고향'이었던 산림이 오늘날에는 거의 보살핀 흔적조차 찾아볼 수가 없다. 또한 칡 같은 덩굴이 뒤엉켜 아름다운 산림과는 아주 거리가 먼 '황폐'한 산림으로 되어 있다. 이러한 황폐한 산림이라도 밖에서 보면 파릇파릇 무성하게 자라고 있는 것처럼 보이므로 그대로 방치해 두어도 '황폐'되지 않는다고 생각하는 사람도 많다.

그러나 잡초를 베어내지 않아 묘목이 잡초에 뒤덮여 있는 조림지, 어느 정도 자란 식재목의 수관이 칡덩굴로 뒤덮여 있는 삼나무림, 간벌이 적기에 실시되지 않아 비쭉하고 가늘게 키만 자라 '실국수'가 서 있는 것 같은 낙엽송림, 해충 때문에 죽은 나무가

사진 Ⅳ-1 산림의 황폐는 일본 각지에서 진행되고 있다. 간벌이 늦어 눈에 의해 쓰러진 산림.

그대로 방치되어 있는 소나무림 등은 결코 건전한 산림의 모습이 아니다. 이들 산림은 손질만 잘하면 유용하게 이용할 수 있음에도 손질을 하지 않아 쓸모 없는 산림이 되어가고 있을 뿐 아니라, 산림에 대한 애착심마저 없어져서 인간과의 공생관계가 사라지게 되었다고 하는 의미에서도 나는 산림이 '황폐'되어 있다고 생각한다.

임업경영인가, 재산보유인가

이러한 사태에 이르게 된 것에 대해서는 앞서 언급한 것처럼 사회의 변화에 의해 임업을 둘러싼 외부조건이 악화된 것이 주요한 원인이지만, 이와 동시에 새로운 시대가 되어서도 아무런 변화도 없이 종래와 같은 감각으로 경영을 계속하여 온 임업내부의 사정도 커다란 원인이다. 즉 과거 선진 임업지에서는 생산된 목재가 얼마든지 팔렸으며, 임업노동력도 풍부하였는데, 그 시대와 같은 임업경영을 여태 그대로 지속하여 온 것이다.

이와 아울러 제2차 세계대전 후에 인공림이 조성된 지역의 산림소유자 대부분이 소면적의 산림밖에 소유하지 못하였다는 것도 큰 원인이다. 옛날에는 산림이 소면적이더라도 땔감, 유기질비료, 가축사료를 채취하는 등 농가경영 속에서 항상 활용되어 왔다. 그러나 산림에 대해 이와 같은 이용을 하지 않게 되었고 목재생산 목적만으로 단일화되었기 때문에 삼나무 등이 식재된 산림은 손질만 하는 대상으로 되었으며 당장은 산림에서 수입도 기대할 수 없게 됨에 따라 산림소유자는 임업경영자라기보다 가와카미 마을이나 미나미아이키 마을에서와 같이 단순한 재산보유자에 지나지 않게 되었다. 즉 산림에서의 소득을 궁리하지 않고 생활행동만을 변화시킨 결과 산림은 방치되어 버리고 만 것이다.

4. 산림재생을 위해 무엇이 필요한가

정말로 임업은 낙후되어 있는가

산업기반이 빈약한 산촌지역에서는 목재자원 공급원으로서의 산림의 역할은 중요하다. 임업경영뿐 아니라 임업노동, 임도·치산관계 노동, 목재운송, 제재업, 목공업 등과 관련된 부문도 많기 때문에 목재자원의 이용규모가 커지면 산촌의 활성화는 가능해질 것이다.

그러나 오늘날의 산촌에는 벌채 가능한 상태에 있는 산림이 적을 뿐 아니라 외국산 목재의 압박으로 산업으로서의 역할이 저하되어 있기 때문에 임업이 매우 어려운 상황에 처해 있다. 장차 임업이 활발하게 전개되기를 바란다면 과감하게 임업경영의 방식을 바꾸지 않으면 안된다. 특히 엔고가 계속되어 목재가격이 장기적으로 하락하는 경향하에서는 가능한 한 코스트를 절감시키기 위한 노력을 계속하지 않으면 안된다.

소규모의 산림소유자가 많은 산촌에서는 산림에 대한 재산보유적 사고를 버릴 필요가 있다. 또한 소유자 단위로 분산되어 있는 산림을 부락 단위나 어느 일정 크기의 면적 단위로 모아서 소유와 산림경영을 분리시켜 공동작업화를 도모하고, 산림조합 등이 그 지역에 적합한 임업기술을 개발해 나가는 가운데 지역 전체의 임업이익을 추구하여 가는 것이 요구된다.

목재는 장래에도 인간에게 있어서 필요한 소재이며 산림은 앞으로도 사회가 더욱 필요로 할 공간인 만큼, 임업은 반드시 불리한 산업인 채로 있지는 않을 것이다. 그러나 현재 산림소유자의 대부분은 자립해 나갈 의지를 버린 채 표면적인 녹색 붐 속에서 국가로부터의 보조액이 다소라도 많아지기만을 기대하고 있다. 이와 같이 하여서는 임업의 전개는 기대할 수 없다. 임업경영을 유리한 사업으로 살려 나아가기 위해서는 우선 자조적(自助的) 노력이 필요하다는 것을 잊어서는 안된다.

자조적 노력을 북돋는 길

임업은 낙후되어 있다고들 말한다. 이러한 표현은 전개해 갈가능성이 있다는 것을 의미하는 것이기도 하다. 그러나 이를 위해서는 많은 연구와 노력이 필요하다. 현재 어쩔 수 없이 벌기(伐

期)가 장기화되고 있는데, 그렇다면 어떤 나무를 어떻게 생산해 갈 것인가에 대해 생각하지 않으면 안되며, 사회로부터 요청되고 있는 임상의 다양화에 대해서도 그 지역 나름대로의 연구가 필요하며, 젊은이들에게 매력이 있는 즐거운 산업으로 발전시켜 나가지 않으면 안된다.

사회는 변화해 가고 있다. 그만큼 고생만을 강요해서는 사람들이 모여들지 않게 되었다. "하나의 기술문명이 성숙함으로써 비로소 인간이 자연의 일부라는 사실을 인식하게 되며, 자연과 인간의 공존관계와 인간에게 있어서 본디 소중한 것이 무엇인가 하는 것을 볼 수 있게 된다."[기무라(木村尙三郎), 『경작하는 문화의 시대』, 다이아몬드사], "산처럼 자연에 대한 경외와 애정, 신앙을 포함하여 인간이 살아가는 방법을 가르쳐 주는 장소는 없다. 교육의 면에서도, 산업의 면에서도, 또한 문화의 면에서도 우리들은 반드시 다시 한 번 주변의 산을 둘러보아야 한다."(기무라, 앞의 책)고 하는 시대에 와 있다.

임업에 종사하는 사람들은 자신을 가지고 적극적으로 사회와 관계해 나가야 한다.

자조의 마음을 소중히 하며 여러 가지로 연구를 해서 임업경영을 '즐겁고도 유리한 사업'으로 만들어 가는 것이, 오늘날 임업 관계자들에게 부여된 주요한 과제이다. 물론 이것만으로 임업의 전개가 가능한 것은 아니다. 도시에 살고 있으며 산림에 관심이 있는 사람들에게 임업을 둘러싼 좋지 않은 여건을 충분히 인식시켜 임업의 전개를 위해 협력을 구하는 노력도 필요하다.

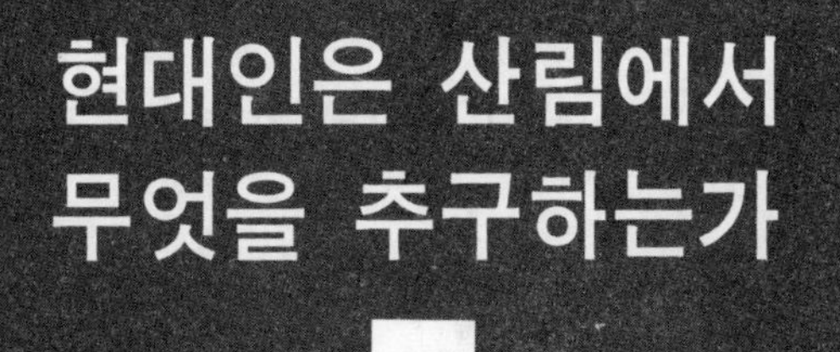

현대인은 산림에서 무엇을 추구하는가

V

자연이 빈약한 도시에 사는 사람일수록 산림에 대한 동경이 강하다. 그러나 이러한 사람들이 얼마나 산림에 대한 체험적 지식을 지니고 있는 것일까. 관념적으로 자연보호를 소리 높여 외치는 것만으로는 아름다운 산림을 기대할 수 없다. 그저 산림을 가로질러 스쳐 지나가는 것만으로는 산림의 좋은 점을 알 수 없다. 산촌에 살며 산림을 지키고 있는 사람들과, 그 이익을 향유하는 도시에 사는 사람들과의 공존의 길이 오늘날처럼 요구되고 있는 시대는 없다. 이 점에 대해 생각해 보자.

1. 생활환경의 보전과 산림의 존재

사라진 산림

일본은 제2차 세계대전이 끝난 뒤 생활의 풍요로움을 추구하여 산업면에서는 공업을 발전시키고 생활면에서는 도시화를 진행시켜 왔다. 그 결과 공업수준은 세계 제일의 수준까지 높아져 물질적인 풍요로움을 모든 국민이 향유할 수 있게 되었다. 그러나 그로 인해 자연환경의 파괴며 공해의 발생, 사회자본의 부족에 의한 생활환경의 악화와 같은 여러 문제가 생겨나 실질적인 생활수준은 오히려 저하되었다고조차 말하기도 한다.

도쿄나 오사카와 같은 대도시권에서는 주변의 산지나 구릉이 계속해서 깍여 나가 주택지나 공장용지로 바뀌어, 숲은 도시주민의 생활권으로부터 자태를 감추었고 콘크리트로 된 도로·건물, 철도 등과 같은 인공구조물이 꽉 들어찬, 푸른 녹음이 사라진 콘크리트 정글이 되고 말았다.

산림이 없어진다 하더라도 당장 인간의 생명에 결부되는 사태는 오지 않으므로 산림이 주택지로 변해도 모두 별 관심이 없었다. 그러나 산림이 도시주민의 주변에서 완전히 사라져 버리고 나서 비로소 생활권내에서의 산림의 상실이 위기로 인식되게 되었으며 산림에 대한 관심이 급속도로 높아지게 되었다.

체험으로서가 아니라 지식으로서 이해

환경보전을 위해 산림이 큰 역할을 하고 있다는 점을 대다수의 사람이 이해하고 있는 아주 고무적인 상황으로 되었다. 총리부

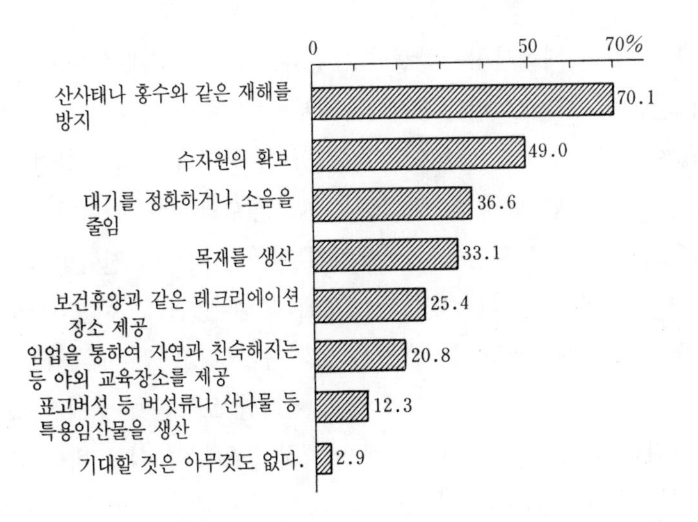

그림 V-1 앞으로 산림에 어떠한 역할을 기대하는가? 산림의 환경보전적인 역할에 대한 기대가 매우 높다(복수회답, 총리부 공보실 편, 『월간 여론조사』 1987년 3월호)

공보실에서 실시한 전국의 20세 이상의 남녀에 대한 「푸르름과 나무에 관한 국민의식 조사」(1986년)의 결과와 우리가 나가노현 내에서 13개 시읍면·부락을 추출하여 그곳에서 20세 이상의 남녀에 대해 실시한 「산림환경에 대한 주민의식 조사」(1984년)의 결과에 의해서도 이 점은 분명하다.

그러나 산림이 어떠한 형태로 환경보전에 역할을 하고 있는가 하는 점에 대해서는, 그 이해가 매우 일색화되어 있는 것처럼 생각된다. 이렇게 생각되는 것은, 아주 많은 사람들이 산림의 역할로서 '산사태나 홍수의 방지(국토보전)'를 들고 있다는 사실로 비추어 보아, 산림에 대한 이해가 일률적이며 '지식'으로서 이해되고 있다고밖에 생각할 수 없기 때문이다.

알다시피 급경사지가 많고 집중호우가 잦은 일본은 홍수나 산사태와 같은 재해가 늘 발생되고 있다. 이러한 재해를 방지하는 데 산림이 효과적이라는 사실은 예부터 전해져 내려 오고 있기 때문에 어느 누구나 상식으로 알고 있어, 산림의 역할에 대해 질문을 받게 되면 반사적으로 '산사태나 홍수의 방지'가 머리속에 떠오르는 것이다. 일본에서는 메이지 시대에 이르러 산림법이 제정된 후부터 보안림(保安林) 제도에 의해 방재(防災)면에서의 산림정비가 계속되고 있어 많은 효과를 올리고 있는데(제II장 자연재해의 방지, 록코산의 예 등), 이러한 보안림을 구체적으로 떠올리는 환경보전 효과에 대해 이해하고 있다면 실로 바람직한 것으로 생각한다. 그러나 산림에 대한 구체적인 이해가 아니라 단순한 '지식·교양'으로서 이해되고 있는 것은 실로 유감스럽다. 하지만 이는 대개의 사람들이 직접 산림과 접하는 기회가 적으므로 어쩔 수 없는 면도 없지는 않다.

게다가 '대기나 물의 정화'가 상위에 올라 있는 것도 이해의 일색화, 더 나아가 '지식·교양'으로서만 이해되고 있는 데 불과한 것으로 생각된다. 현대사회는 대기와 하천을 너무나 심하게 오염시켜 놓고선 이에 근본적인 대응책인 양 산림의 '대기나 물의 정화기능'을 일반인들에게 크게 부각시켜 왔다. 이 때문에 '지식'으로 산림에 대해 그와 같은 정화기능을 기대하고 있으나 그것은 과잉기대인 것 같다.

정화기능에 대한 지나친 기대

분명히 산림은 그 생명작용의 과정에서 대기나 물을 정화하고 있다. 그러나 산림은 미량으로 함유된 오염물질에 대하여 시간을

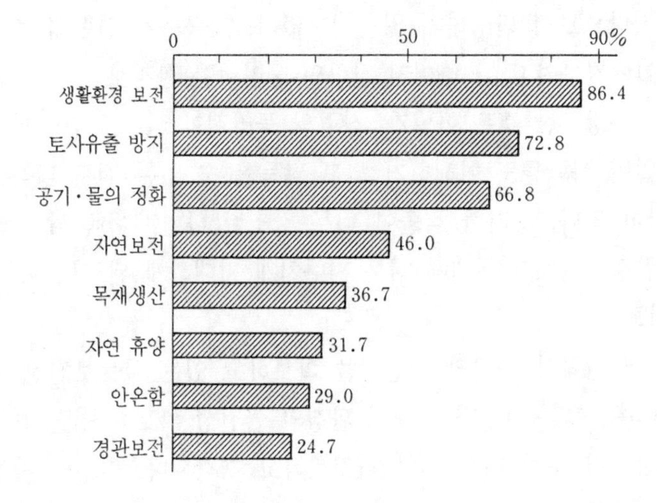

그림 V-2 앞으로 산림에 어떠한 역할을 기대하는가? 나가노현도 역시 산림의 환경보전적인 역할에 대한 기대는 높다(복수회답, 나가노현에서의「산림환경에 대한 주민의식 조사」).

두고 조금씩 정화해 가는 것이지, 유해물질이 가득차 있는 대기나 물을 급속히 정화시키는 것은 아니다. 현대사회에 의해 심하게 오염된 대기와 물을 모두 정화하는 것은 산림에 너무나 부담을 지우는 것이라는 것을 알아야 한다.

맑은 대기나 깨끗한 하천을 바란다면, 산림에 기대하기보다 오염발생원에 대한 처리를 바라는 것이 도리일 것이다. 산림을 유해물질 속에 내버려 둔 채 정화해 주기를 바라는 마음은 산림을 생물로 보지 않는 마음이며, 산림에 대한 사랑이 결여되어 있다고 말하더라도 반론의 여지가 없을 것이다.

이와 같이 산림에 대한 이해가 단지 '지식·교양'에만 근거하고 있다는 사실에서, 그 동안 일반인들에게 산림에 대한 정보가 정확히 전달되고 있었는가 하는 점에 대해 임학에 관여하고 있는 한 사람으로서 반성하지 않을 수 없다. 지금까지 산림의 중요성을 이야기하려고 한 나머지 산림의 물리적인 환경보전 효과를 지나치게 강조한 것은 아닌가. 산림의 물리적인 환경효과에 대해서는 일반 사람들도 이해하기 쉽고 납득할 수 있는 점도 많다고는 생각이 되나, 그러한 점들이 너무 강조된 나머지 산림의 물리적인 환경보전효과에 대해 너무 지나치게 기대하게 된 것으로 생각한다.

한편 산림이 환경의 안전성을 확보하고 있는 국토보전적 효과는 매우 크다. 그렇다고 해서 환경의 안전성 확보를 산림에만 기대하는 것 또한 너무 지나친 것이라고 생각된다. 환경의 안전성을 확보하는 것, 인간이 생물로서 살아갈 수 있는 환경으로 만드는 것이 사회가 해야 할 필요조건이다. 그러한 조건정비를 위해 산림이 수행하고 있는 역할은 분명히 크다고 생각되지만, 산림에만 기대하는 것은 잘못된 것이므로 산림에 과중한 부담을 주지 않는 배려가 필요한 것은 아닌가.

산림에 의한 쾌적한 환경의 보전

환경의 보전이라고 하는 경우 적어도 재해를 일으키지 않는 안전성을 확보하는 것이 필요하지만, 그것만으로 환경보전이 되었다고 생각해서는 안된다. 인간이 인간답게 살아가기 위해서는 '안전한' 환경뿐 아니라, '쾌적한' 환경을 보전하는 것이 필요하다. 환경의 질을 보다 높여가는 것이 인간생활의 풍요로움과 직결되기 때문이다.

쾌적한 생활환경이라는 것은 안온함과 아름다움이 있는 평온한 환경일 것이다. 이러한 생활환경을 유지하고 창조해 나가기 위해서는 산림이 무엇보다 중요하다. 따라서 쾌적한 생활환경을 창조함에 있어서는 산림의 '대기나 물의 정화'와 같은 물리적 효과 뿐만 아니라 산림이 주는 '안온함'과 같은 정감적인 효과도 평가하는 것이 중요하다.

풍토성이 높은 산림은 인간에게 친숙하기 쉬운 것이어서 '안온함'을 가져다 주며, '아름다움'을 느끼게 하고, '고향'에 와 있는 기분에 젖게 한다. 생활환경 보전에 산림이 필요한 것은 생활을 풍요롭게 하는 쾌적한 생활환경을 보전하기 때문이라는 것을 강조하고 싶다.

최근 콘크리트 정글에 의해 사막화되어 가고 있는 대도시의 환경을 쾌적하게 만들기 위해서도 산림이 효과적이다. 도시림을 독일에서는 '도시의 폐'로서 높이 평가하고 있다. 이러한 사실은 도시공간을 구성하고 있는 임목의 활발한 증산작용에 의해 대기를 확산시켜서, 건조화된 도시공간 내의 공중습도를 높여 열(熱)오염에 시달리는 환경을 온화하게 만들어 가는 물리적 효과가 있기 때문이다. 이와 같이 도시를 쾌적한 생활환경으로 만들기 위해서는 물리적 효과는 물론 정감적 효과도 높은 도시림을 적극적으로 조성해야 한다.

손질이 필요

목재생산을 위한 산림에는 손질을 가하지 않으면 안되나, 생활환경을 보전하는 산림은 '자연' 그대로가 좋기 때문에 손질을 하지 않아도 좋다고 생각하고 있는 사람이 상당히 많은 듯하다. 그러나 그것은 잘못된 생각이다. 일본과 같은 자연조건하에서는 산림을 방치하면 밀림처럼 되어 버려 오히려 인간을 위협하는 존재가 된다. 따라서 오지나 급경사지를 지키기 위해서는 인간의 손을 가하지 않고 보전하는 것이 올바르다고 하더라도 자연과 인간이 공생하기 위해서는 우리들 주위의 산림은 인간의 손에 의해 개조될 필요가 있다. 특히 인간답게 살아가기 위해 주변의 생활환경을 쾌적한 것으로 보전하려고 한다면 주변의 산림에 대해 손질이 필요하다. 손질을 해야만 산림은 푸르름이 싱싱하고 건전하게 되어 인간과의 공존이 가능하게 된다는 사실을 잊어서는 안된다.

2. 심신의 건강과 산림

산림욕의 제창

'산림욕(山林浴)'이라는 말이 일반화된 것은 언제부터일까. 1982년에 당시의 임야청장관이 "산림은 낮은 온도, 진한 향기, 푸르른 녹음과 수목의 자태 등 사람을 끌어당기는 매력이 있으며, 또 식물이 발산하는 휘발성의 식물체에 의해 숲속의 공기는 청정하고, 각종 세균을 죽이는 작용이 있어 몸에도 좋다. 그러므로 몸과 마음을 산림 속에 흠뻑 적셔 산림시설을 이용하여 몸을 움직여 보거나 산림 속에서 놀면서 아이도, 젊은 부부도, 노부부도 모두 함께 건강만들기를 실천해 가며 산림의 인간에 대한 역할을 이해하고 가꾸어 가자."라고 제창하였으며, 이를 신문 등이

사진 V-1 일본에서도 이러한 산림욕 풍경을 볼 수 있게 되었으나?

기사화하면서 '산림욕'이라고 하는 말이 세상에 알려지게 되었다.

현대의 여가활동을 보면, 관광여행과 같이 편리성·효율성·쾌락성이 높은 것에 인기가 집중되고 있는가 하면 빈둥빈둥 잠을 자는 등 소극적으로 여가를 보내는 사람도 많다. 최근 들어 여가활동의 동향이 다소 바뀌어 자연성이나 활동성이 있는 것을 선호하는 경향이나, 산림 속을 마냥 걷고 땀을 흘리는 데에는 아직 그다지 관심이 모아지지 않고 있다. 그러나 산림욕은 건강에 좋고 두뇌를 상쾌하게 하며 정신을 안정시키고 자연과 친숙해지게 하며 홀로 조용히 쉴 수 있는 등의 효용이 있는 것으로 선전되었으며, 매스컴에도 기사화되어 '교양'적으로 산림에 '산림욕'을 하기 위해 찾아오는 사람도 생겨 나게 되었다.

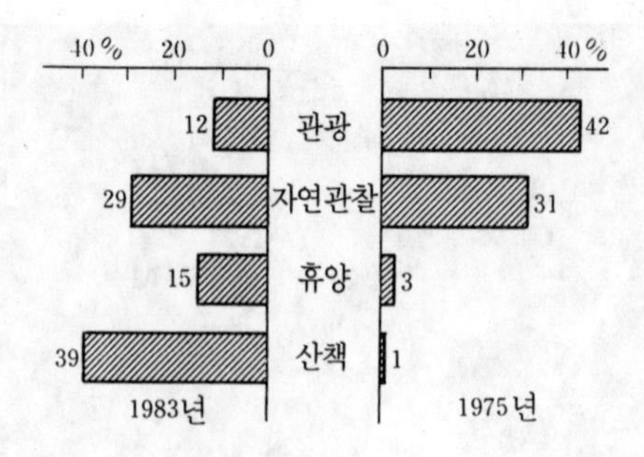

그림 V-3 자연휴양림에 온 목적. 1975년에는 기소계곡 관광의 일부로서 단순한 관광 목적으로 왔었으나, '산림욕'이 화제가 된 후부터는 산책을 목적으로 온 사람이 늘었다.

산림욕의 실태는?

산림욕이 여가활동의 한 가지로 정착할 것인가에 대해 나는 큰 관심을 갖고 있다. 왜냐하면 일본의 북동지역에 많은 낙엽활엽수림 내의 공간은 쾌적하며, 산림은 산나물이나 버섯 채취의 장소로서 예부터 즐겨 이용되어 왔다. 그러나 일년 내내 푸르른 상록활엽수림의 임내는 축축할 뿐 아니라 짐승이 많기 때문에 숲 안으로 들어가는 것을 거북하게 여겨 숲 밖 먼발치에서 바라보며 즐기기는 하였으나 임내에 들어가 즐기는 일은 적었기 때문이다.

일본의 산림욕 발상지이며 이와 관련된 행사가 정기적으로 열리고 있는 기소계곡의 아카자와(赤澤) 자연휴양림에 산림휴양을 목적으로 방문한 사람들에 대해 앙케이트를 실시하여, 어떠한 형태로 산림욕이 행해지고 있는가에 대하여 조사하였다. 그 조사결과 가운데 두드러진 내용을 정리하면 다음과 같다.

우선 아카자와 자연휴양림을 찾아 온 목적을 보면, 1975년 여름에는 '관광행동'이라고 하여 유명관광지를 찾아다니는 금전소

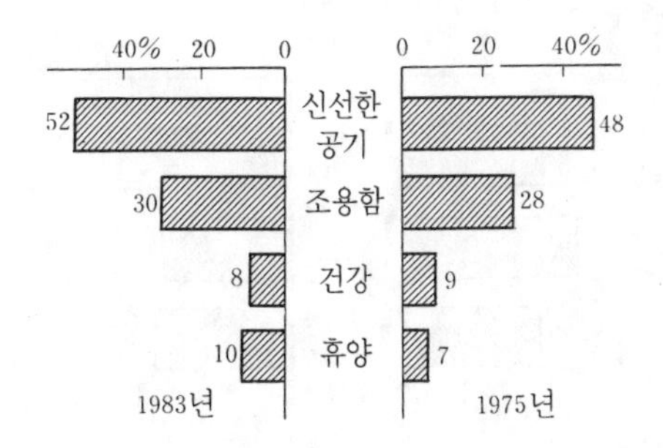

그림 V-4 자연휴양림에서 무엇을 추구하는가. 맑은 공기, 깨끗한 물을 찾아 오는 사람이 많으나 숲의 고요함을 찾아 오는 사람도 있다. 모두 오늘날 도시에서는 없어져 버린 것들이다.

비형 행동의 사람이 대부분이었다. 그러나 산림욕이 매스컴에서 각광을 받고 난 후인 1983년 여름에는 자연 속에서의 시간소비형 행동을 목적으로 찾아오는 '휴양행동'이 늘어났는데 산림을 찾는 동기가 매스컴과 같은 정보에 의해 크게 좌우됨을 알 수 있었다.

그런데 산림에서 무엇을 바라는가에 대해서는, 1975년과 1983년 간에는 거의 변화가 없이 '신선한 공기'라고 약 반수가 답하였다. 또 자연휴양림 내에서의 체재시간도 변함없이 짧다. 즉 '관광'으로 오건, '산림욕'을 하러 오건 간에 산림 내에서의 행동은 그다지 달라진 게 없다.

산림욕을 목적으로 온 사람들의 자연휴양림 내에서의 행동을 보면, 산림과 대화를 즐기면서 산림내를 산책하는 사람은 거의 없다. 자연휴양림을 찾아오는 사람들의 대부분은 아카자와 계곡의 차갑고 깨끗한 물에 그 무엇보다 관심이 크다. 그래서 계곡 주변을 산보하거나 주변의 바위에 앉아 쉬기도 한다. 대부분의 사람들은 그것만으로 만족하고 돌아간다. 임내를 산책하는 사람

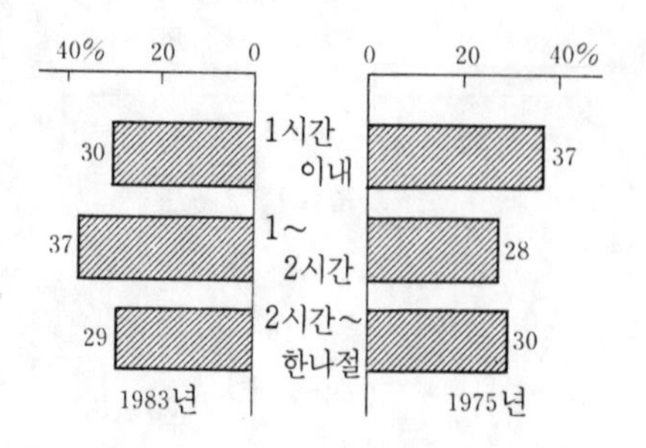

그림 V-5 자연휴양림에서의 체재시간. 모처럼 산림을 찾아왔는데 산림 내에서의 시간을 보내는 방법을 모르는 것일까? 1975년에는 95%의 사람이, 1983년에는 96%의 사람이 한나절 이내 체재하고 돌아갔다.

도 있지만 자연휴양림의 임내는 다소 어두움을 느낄 정도로 무성한 곳이 많으므로 주위의 산림에 관심을 가질 틈도 갖지 못하고 그저 재빠르게 숲속을 스쳐 지나가고 있음에 불과하다. 그러다가 광장이나 큰 나무가 서 있는 다소 밝은 장소에서 겨우 멈추어 서는 정도이다.

산림욕을 목적으로 찾아왔지만 산림에 대한 관심이 그다지 높지 않으므로 어떻게 시간을 보내면 좋을지 알지 못하는 탓으로 단시간에 되돌아갈 수밖에 없는 것이 현재의 실태이다.

독일의 산림산책

해외로 눈을 돌려 보자.

독일의 시민생활에서 관심을 끄는 것은 산림산책이다. 산림산책은 일상의 가벼운 산보도 포함되지만, '반데룽(Wanderung)'이라고 불리는 '산야발섭(山野跋涉)'도 활발하다. 노인이나 아이들을 막론하고 시민들은 수시간에 걸친 산림산책을 일상생활 속에서 즐기고 있다. 산림내의 도로는 완만하게 잘 정비되어 있으며 더욱이 밀도 높게 종횡으로 뻗어 있다. 이 때문에 시민들은 실제로 가벼운 마음으로 산림 속에 들어가서 걷는 것이다.

아무튼 독일사람들은 산림을 찾는 것을 좋아한다. 제 I 장에서 기술한 바와 같이 "당신이 여행하려 한다면 어디를 가장 가고 싶습니까"라고 질문하였을 때 "산림에 가고 싶다"라는 회답이 매우 높은 비율을 차지하였다. 또한 직접적으로 "당신은 숲속을 산책하는 것을 좋아합니까"라는 질문에 대해 "별로 좋아하지 않는다"라든가 "싫다"고 하는 회답은 거의 없다.

산림과 목초지가 모자이크식으로 섞여 있는 남(南)슈바르츠발트에서의 산림산책 코스는 숲을 꿰뚫고 목초지를 가로질러 나 있다. 따라서 숲을 밖에서 바라볼 수 있을 뿐 아니라 산림 내에서의 행동도 즐길 수 있게 되어 있다.

산림 내에서의 행동을 즐기는 것에 대해, 일본에서는 '그다지 익숙한 것이 아니다'라고 하는 사람이 많고, 또 "'업(業)'은 산림 내의 생산활동이며, '놀이'는 산림의 바깥에서 느끼는 것이 크다."[오오이(大井道夫), 「산림과 인간의 관계를 보는 4가지 관점」, 『산림을 보는 마음』, 교리쓰출판]라는 사람도 있다.

산림 속에서 행동을 즐기기 위해서는 "산림 그 자체가 아름답고 쾌적하며 길도 완만하며, 더욱이 두려울 정도로 숲이 깊지 않아야 하는 조건이 갖추어져야 한다. 남슈바르츠발트를 비롯한 독일의 산림은 대부분 이러한 조건이 충족되어 있는 것 같다"[기타무라(北村昌美), 『산림과 문화』, 동양경제신보사]와 같이 독일에서는 산림산책이 활발하나 일본은 아직 그렇지 못하다.

공업화·도시화에 의해 자연이 없어짐에 따라 도시에 사는 사

사진 V-2 산림 내에서 산책을 즐기는 독일 사람들

람들이 자연을 추구하게 된 것은 동서양을 막론하고 다를 게 없다. 이와 같은 마음이 독일의 경우에는 산림산책·반데룽이라는 형태로 아주 건전하게 발전된 데 반하여, 일본에서는 아카자와 자연휴양림에서의 실태와 같이 산림을 찾아가기는 하지만 자연을 추구하는 마음이 충분히 자리잡지 못한 것으로 생각된다.

"교토(京都) 사람들은 깊은 숲속을 걷기보다는 유연(悠然)히 창을 통해 동산을 바라봄으로써 마음의 평온함을 얻는다."[시데이(四手井綱英), 「뒷동산에 대하여」, 『숲과의 만남』, 산림환경연구회]와 같이, 숲의 바깥에서 바라보는 산림풍경을 좋아하는 사람은 산림욕을 목적으로 산에 가지 않을 것으로 생각된다.

산림을 걷자

산림이나 자연에는 수없이 멋진 요소가 포함되어 있는데 그것들을 꺼낼 수 있는 것은 그 속에 들어가 스스로 그것을 체험하고 찾아내는 경우뿐이다. 산림이나 자연은 유쾌한 것만은 아니다. 때로는 인간에게 있어 두려운 대상으로 다가오는데, 그러한 것 또한 커다란 의미를 갖는다.

산림은 현재 상실해 가고 있는 인간성의 회복을 위한 체험의 장소로서 많은 가능성을 지니고 있다. 산림에서는 노인도 아이도 각각의 연령에 맞는 체험이 가능하다. 산림에서의 감동은 그것을 구성하고 있는 나무, 풀, 꽃의 아름다움이나 사계절의 변화, 곤충이나 새의 모습 등 개개의 요인이나 현상에 대한 것을 비롯하여 이들의 상호관계나 구조에 대한 것, 나아가 산림 속에서 스스로가 몰입됨에 의해 얻어지는 것까지 매우 다양하다.

예전까지 일본에서는 산림을 생활에 없어서는 안될 존재로서 여기고 밀접한 관계를 유지하여 왔으며, 그런 가운데 무의식중에 산림이나 자연의 깊이를 알고 산림이나 자연에 대하여 감사나 경외의 마음까지 지니게 되었다. 그러던 것이 최근 들어 산림과의 관계가 급속히 희박해져 버려 자연을 대하는 방법조차 잊어버린 것 같다. 도시에 사는 사람들이 폭넓게 산림을 접하고 산림 내에서의 행동을 즐길 수 있도록 하기 위해서는 산림을 아름답게 가꾸거나 산림 내에 완만한 산책길을 정비하는 것만으로는 충분치 않다. 어떠한 방법으로 산림 속에서 즐길 수 있는 것인가에 대해 도움말을 해줄 수 있는 산림안내인(Instructor)이 필요한 시대가 되었다.

3. 자연보호란 무엇인가

원시림의 보호와 문제점

홋카이도에서는 시레토코(知床) 원시림 벌채 문제, 도호쿠(東北) 지방에서는 세이슈(青秋) 임도(林道) 문제, 신슈에서는 나베쿠라산(鍋倉山)의 너도밤나무림 벌채 문제와 같은 국유림내의 원시림보호 문제가 계속해서 클로즈업되고 있다. 이 '원시림보호'라는 것은 지구상에서 실로 얼마 남아 있지 않으며 전혀 사람의 손길이 가해지지 않은, 이 세상에 하나밖에 없는 매우 소중한 '극상의 자연'을 위주로 학술적인 관점에서 보호하고자 하는 것이다.

생태학 연구의 진전에 따라 생태계에 대한 지식이 집적되고 있기는 하지만 아직 미지의 부분도 많다. 따라서 더욱 깊은 지식의 집적을 위해서는, 전체가 모여 하나의 계(系)로서 잘 기능하고 있는 원시림은, 무엇보다도 필요한 연구대상으로 보호하지 않으면 안된다. 더욱이 원시림에는 자연상태에서의 식물 및 동물의 유전자가 수없이 존재하고 있으므로, '다양한 유전자의 보존'을 위해서도 보호하지 않으면 안되는 것이다. 이러한 의미에서 원시림을 보호하는 것에 반대하는 사람은 없을 것이다. 그럼에도 문제가 되는 것은 보호할 대상 산림에 대한 판단이 개개인의 입장에 따라 다르기 때문이다.

지금까지 현존하고 있는 진귀한 동·식물이나 지질광물을 보호한다든지, 노거수와 명목(名木)의 종류 혹은 식물분포상 특이한 지역 등은 '희소성'·'학술성'이 인정되어 1915년경부터 수많은 것들이 '천연기념물'로 지정·보호되어 왔다.

이와 같은 관점에서, 희소성이나 학술성이 문제가 된다면 천연기념물 등으로 지정해야 하며, 천연기념물 등으로 지정되지 않고 시업림으로 되어 있는 산림이라면 산림의 건전화를 위해 벌채해 가고자 하는 것이 임야청의 생각이었다. 이에 대해 천연기념물 등으로 지정되어 있지 않아도 보호할 만한 가치가 있는 산림은 벌채해서는 안된다는 의견도 있었다.

더욱이 임야청은 합리적인 산림경영 측면에서 원시림을 택벌해 나감으로써 산림이 좋아진다고 생각하고 있는 데 반하여, 원시림에 대한 벌채금지를 주장하는 사람은 벌채하는 것은 안정되어 있는 생태계를 교란시키므로 산림이 나빠지게 된다고 생각하고 있는 것도 양자의 골을 더욱 깊게 하는 원인이 되어왔다.

최근(1988년), 임야청은 사람의 손질을 일체 가하지 않고 지켜가는 원시림과 손질을 가해서 여러 가지 목적으로 활용해 가는 산림으로 나누어 각각을 적절히 관리해 간다고 하는 새로운 방침을 명확히 하였다. 이전까지 목재생산에 치우쳤던 정책방향을 전환시킨 것이다.

얼마 남지 않은 원시림을 보존한다는 데에는 어느 누구도 다른 의견이 없을 것이다. 또한 임야청이 원시림에 대하여 취해 왔던 목재생산 위주의 경영방침을 버리더라도 누구도 이의를 제기하지 않을 것이다. 임야청은 원시림을 단순히 합리적 경영 측면에서 관리하는 것 뿐만 아니라 스스로의 영역을 넓게 취하여 원시림 관리를 행하여 갈 것으로 기대된다. 의식만 바꾸면 원시림에 대한 지식이나 오랫동안 쌓아 온 경험의 축적도 많은 만큼 원시림 관리를 임야청에 일임하여도 잘해 나갈 것으로 생각한다.

사진 V-3 '보호'냐 '개발'이냐의 논의를 부른 시라카미(白神) 산지의 너도밤나무 원시림(교도통신 제공).

하지만 원시림 보호와 관련하여 염려가 되는 점이 있다.

원시림의 소중함만이 강조되어 '산림은 모두 원시림이 아니면 안된다'고 생각하거나 '산림에 손질을 가하는 것은 모두 나쁘다'라고 하는 것과 같은 생각을 하는 것이다. 인공림에서 가지치기를 하고 있는 사람을 보고, 자연관찰대회의 인솔자가 아이들에게 '너희들은 나무를 괴롭히는 어른이 되어서는 안된다'라고 하였다는 이야기라든가, 어느 자연보호운동회의 리더가 '그냥 내버려두면 나무들이 과소(過疎)하게 되어 자연으로 되돌아가게 되므로 좋아진다'고 하였다는 이야기를 들을 때마다, 너무나도 산림에 대해 알지 못하는 사람이 많음을 통감한다. 이러한 발상하에서는 산촌에서 임업을 경영하고 있는 사람들이 못해 먹겠다는 생각을 하는 것도 당연하다고 생각한다.

또한 원시림보호를 주장하는 사람들 중에서는 원시림이나 희귀한 식물종의 소중함만을 강조하여 그것들만을 보존하면 자연이 유지된다고 생각한다거나, 2차림이나 인공림과 같이 자연도가 낮은 산림에 대해서는 가치를 인정하지 않고 어떻게 되건 상관없다고 생각하는 사람도 있는데 이와 같은 점들에 대해서도 의문을 품지 않을 수 없다.

바람직한 자연보호

자연보호의 필요성은 어느 누구나 인정하고 있다. 그렇다고 해서 원시림보호에 대한 사고를 산림에 확대하여 자연에 전혀 손을 대지 않는 것이 좋다고 하는 것은 잘못이다. 자연 가운데에는 인간과의 관계에 의해 탄생된 것도 있는 것으로서, 인간과의 관계가 깊은 자연은 가치가 없다고 하는 발상은 너무도 단순하다. 인간과 자연의 관계는 매우 복잡하며 다양하다. 자연은 인간을 비롯한 모든 생물의 생명체가 자라는 모태이며, 자연 그 자체는 풍요로운 인간생활에 없어서는 안되는 구성요소라는 관점에서 볼 때, '손질을 하지 않은, 학술적으로도 가치가 높은 하나밖에 없는 자연'이나 '풍경적으로 보나 야외 레크리에이션의 관점으로 보나 뛰어난 자연'도 소중하지만, '농림수산업을 경영하는 지역의 환경보전 기능이 높은 반자연(半自然)' 혹은 '도시나 공장 지역에 가까스로 남겨져 있는 반자연이나 인공적 자연'과 같은 것도 소중한 것이다.

'생존환경의 보전'을 위해서만 자연을 보호해야 하는 것은 아니고 '자원보전'을 위해서도 자연보호는 필요하며, 현재를 살아가는 우리들은 아름다운 자연을 후손에게 남겨줄 책임을 지고 있다.

따라서 '천연기념물적 자연'이나 '원시적 자연'을 보호해 갈 경우에는 인간이 전혀 손질을 가하지 말고 자연상태 그대로 방치해야 하며, 경우에 따라서는 인간의 출입도 제한해야 한다. 이런 경우에는 소극적으로, '현존하고 있는 가치 높은 자연'에는 손을 대지 않고 그대로 보존해 가는 '보존적 수법'을 취한다.

이에 반해 '자연공원적 자연'이나 '환경보전적 자연'을 보호할 경우에는 반드시 자연상태 그대로 방치하였다고 좋은 것은 아니며, 경우에 따라서는 인간이 관여해야 비로소 좋은 풍경이 유지되거나 그 질이 높아지는 경우가 많다. 이러한 경우에는 적극적으로 자연을 이용하면서 바람직한 자연을 유지·보전해 가는 '보전적 수법'이 효과적이다.

손질을 가하는 자연보호를

일본의 북알프스 가미코우치(上高地)의 다이쇼연못(大正池)은 자연 그대로 방치하여 두면 토사가 퇴적하여 연못이 매몰되어 버리기 때문에, 매년 계획적으로 준설선(浚渫船)을 동원하여 토사를 퍼내어 가까스로 연못의 형태를 유지하고 있다. 수려한 모습을 자랑하는 후지산(富士山)도 요시다 오자와(吉田大澤)의 붕괴가 진행되어 그대로 방치하면 산의 모습도 변해 버리고 말 것임에 틀림없다.

일본의 자연풍경은 많든 적든 인간의 손이 가해져 있으며, 지역주민의 생활·생산의 장으로서 깊이 관련되어 있는 경우가 많다. 또한 일본 특유라고 말해지고 있는 아름다운 자연풍경은 농업이나 임업으로서의 토지이용을 통해 그 아름다움이 유지되어 온 것이다.

'보존적 자연보호'야말로 진정한 자연보호라고 생각하는 사람들은 농업이나 임업이야말로 자연파괴의 원흉이라고 생각할 것이다. 그러나 정말로 자연이 귀중하다고 생각한다면, 부질없이 '자연에는 절대로 손을 대어서는 안된다'라든가 '산림을 파괴하는 임업'이라고 하지 말고, 농민들이 농사일이나 산에서의 각종 작업과 같은 실제 행위를 통해 자연보호에 기여하고 있다는 점을 이해해 주기 바란다. 그런 만큼 농업이나 임업이 사회의 골칫거리라고 생각하는 것은 바람직하지 못하다.

산에서 일하는 사람이 없어지면 자연보호를 외치는 사람들만 남아 있게 될 것이며, 실제로 자연을 지킬 사람이 없어짐에 따라 아름다운 자연도 그 모습을 감추어 버릴 것이다. 자연환경을 보전하기 위해서는 건전한 농업이나 임업이 성립하는 것이 기본적인 전제이기 때문에, 자연보호를 위해서도 농업이나 임업은 귀중한 것이다.

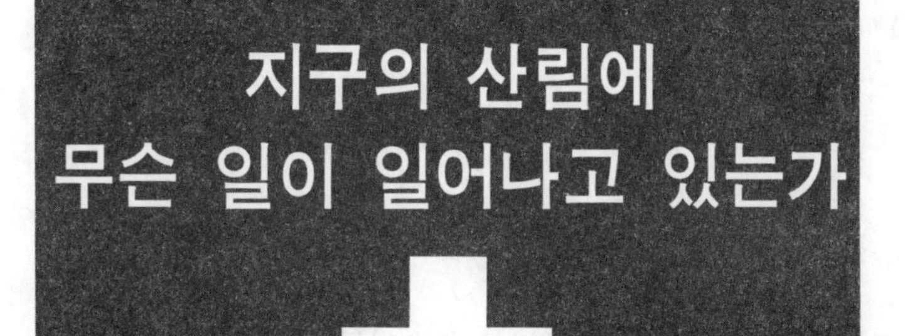

지구의 산림에 무슨 일이 일어나고 있는가

Ⅵ

열대림의 파괴와 산성비에 의한 산림고사가 지구적 규모로 문제가 되고 있다. 선진공업국 일본도 거센 비판에 직면하여 있다. 개발도상국들의 경제적 자립과 열대림의 보호라는 모순된 과제는 어떻게 하면 조정될 수 있을까. 그리고 독일의 흑림(黑林)을 위기로 몰아 넣고 있는 산성비는 일종의 문화병이라고 할 수 있겠으나 대책은 없는 것인가. 오늘날 산림의 문제는 한 나라의 범위를 넘어서 전세계적인 문제가 되고 있다.

1. 파괴되고 있는 열대림

감소하고 있는 열대림

동남아시아 여러 나라의 상공을 비행기로 통과할 때, 눈 아래에는 녹색 양탄자 같은 산림이 끝없이 계속된다. 넘쳐 흐를 것만 같은 다종다양한 녹색의 세계에 압도되어 버려 어디에서 원시림이 파괴되어 가고 있는 것일까 하는 소박한 의문이 들기도 한다. 이와 같이 산림의 파괴는 좀체로 우리들의 눈에는 띄기 어렵다.

열대림의 파괴가 크게 문제화된 것은 「아메리카합중국 정부특별조사보고 서기 2000년의 지구」가 1980년에 공표되고부터이다. 이 보고서는 "세계의 산림은 1978년에 25억 6300만ha가 존재하고 있으나, 2000년이 되면 21억 1700만ha로 감소한다. 그 감소는 주로 라틴아메리카, 아프리카, 아시아, 태평양 지역의 열대림에서 진행되고, 1978년에 10억 9900만ha인 열대림이 2000년에는 6억 6000만ha로 감소한다."고 지적하고 있다.

그리고 이러한 열대림의 감소로 인하여 대기중의 탄산가스의 증가추세가 가속되고, 더욱이 75만 종에서 250만 종 가량 현존하고 있는 열대림의 생물종 가운데 아주 적게 잡아도 25만 종에서 80만 종 정도의 귀중한 생물종이 1978년에서 2000년 사이에 소멸될 것이라고 하였다.

열대림 파괴의 영향

이 보고서의 내용은 매우 충격적인 것이었다. 그 당시까지만 해도 풍부한 임목축적에 다 왕성한 생장을 보여 온 열대우림에

사진 Ⅵ-1 벌채가 계속되고 있는 열대림(교도통신 제공)

대하여 벌채해도 곧 회복될 것으로 생각하였으며, 무한의 목재자원을 비장(祕藏)의 보고(寶庫)로 여겨왔기 때문이다.

지구의 환경을 안정시키는 시스템에도 중요한 역할을 하고 있는 열대림이 파괴되면 비에 의해 표토의 유출이 진행되어, 토양이 수분을 유지하는 힘을 잃고, 내린 빗물은 곧 흘러 내려가므로 하류지역에 홍수가 나게 된다. 또한 산림으로부터의 증발량이 감소하므로 강수량이 감소하며, 더욱이 토양의 보수력 저하로 인하여 건조기에는 수분이 결핍되어 가뭄을 초래한다. 그래서 이러한 지역의 환경은 점차 건조한 방향으로 이행되어 열대림에서 *사바나, 더 나아가 사막으로 변화하여 갈 것이라고 한다.

푸르름이 풍요로운 산림이 존재하고 있을 때에는 윤택한 생활환경이었던 곳도 아무 계획성 없이 파괴하여 버리면, 급속히 사

* 사바나 : 수목이 드문드문 자라고 있는 초원으로서 남아메리카, 호주, 아프리카 등지에 넓게 분포함.

막화되어 생활의 기반을 상실해 버리게 되는 것은 대단히 가공할 만한 일이다. 이것은 천혜의 온대지역에 살고 있는 우리들에게 있어서도 결코 강 건너 불일 수는 없다.

열대림 파괴와 일본의 책임

일본에서 열대림 파괴가 크게 거론된 것은 1982년부터이다. 이해 5월 나이로비에서 UN인간환경회의가 개최되었는데 신문과 잡지, 라디오와 텔레비전 같은 언론매체들이 이 회의에 관한 내용을 기사화하여 열대림의 위기적 상황을 보도하였다. 그 가운데에는 "일본경제의 고도성장에 따른 목재의 대량 낭비 때문에 열대림이 남벌(濫伐)되었는데, 이것이 원인이 되어 동남아시아 여러 나라의 산림이 파괴된 결과 많은 귀중한 생물종이 절멸(絶滅)되었다."고 하는 사람도 있었으며, 이를 계기로 임업과 목재무역에 대하여 거센 비판이 가해지기 시작하였다. 한편 이에 대하여 남양재(南洋材) 수입업자는 "라왕과 같은 유용한 나무는 ha당 20그루도 안되고 또한 그 중에서 골라 벌채하므로 산림파괴란 말은 당치도 않다."고 반론하였다.

분명히 라왕과 같은 유용한 나무의 벌채만으로 발생되는 산림의 파괴는 대단치 않으며 임업도 *보속(保續)을 전제로 하는 것으로서 벌채 그 자체가 산림을 파괴하기 위하여 행해지는 것은 아니다. 그러나 열대지역의 많은 나라들이 사회·경제적으로 어려운 형편에 있기 때문에 일본의 기업이 현지에 들어가 라왕재를

*보속 : 산림으로부터 목재수확을 해마다 균등하게, 그리고 영구히 계속되도록 하는 것을 말함.

반출하기 위한 임도(林道)를 개설하면, 원주민은 그 임도를 이용하여 오지까지 들어가 남은 수목을 벌채·반출한다. 이에 따라 화전이 오지까지 일구어지게 되었고, 그 결과로 열대림 파괴가 진행되어 온 것은 사실이다.

열대림 파괴의 메커니즘

열대림의 파괴에 관한 자세한 통계는 없다. 그리고 지역에 따라 사정이 매우 다르므로 현재의 열대림 파괴의 메커니즘을 명확히 표현할 수는 없다. 더욱이 열대림 파괴의 원인은 상업용 목재의 벌채 외에도 원주민의 땔감 채취, 화전, 목축, 농지개발, 도로나 댐의 건설, 광물자원의 채굴 등 여러 가지가 있다. 그러나 모든 열대지역의 공통점이라고 말할 수 있는 것은 인구의 폭발적 증가가 열대림 파괴를 가속화한 것이다.

인구증가의 압력은 식량과 땔감의 수요증대를 가져왔다.

현재 열대림의 연간 벌채량의 약 8할 정도가 주민의 연료로 사용되고 있으며 앞으로 예상되는 인구증가로 이 수요는 더욱 증대될 것이다. 1981년의 UN에너지회의의 자료에 의하면, 1980년에 땔감을 필요로 하면서도 어떤 수단으로도 가까운 곳에서 이를 구할 수 없는 사람이 세계에 1억 4000만 명이나 된다. 현재 정상적인 벌채계획에 의하여 입수할 수 있는 땔감만으로는 부족하여, 장래는 생각할 여지도 없이 과벌·남벌을 하지 않을 수 없는 인구가 실로 11억 8000만 명에 이르고 있다. 과거와 같이 인구가 적었을 때에는 산림이 자연적으로 재생되기까지 다음 벌채를 기다릴 수가 있었으나, 최근에는 그렇게 되지 않고 과도한 벌채가 이루어지게 된 것이다.

게다가 농촌에서조차 살지 못하고 떠나야 하는 가난한 사람들은 산림에 들어가 *화전농업을 하며 생활하지 않을 수 없는 상황에 있다. 과거 인구증가율이 낮았을 때에는 화전농업은 오히려 합리적인 농업이었다. 화전을 일구어 먹고 나서 그 자리가 충분히 자연회복되고 난 뒤 다시 경작하는 형태의 로테이션이 확립되어 있었기 때문에 충분한 식량을 얻을 수 있었다. 그러나 인구증가율이 높아짐에 따라서 화전을 반복 경작하는 기간이 짧아졌으며, 결국 토지가 척박하게 되고 말았다. 더욱이 토지의 건조화도 진행되어 사바나나 사막으로 되어 버린 곳도 있다. 이와 같은 상황을 보고서 화전농업이야말로 열대림 파괴의 원흉이라고 호된 비판을 가하는 사람도 있으나, 한편으로는 굶주려서 화전농업을 하지 않고서는 살아갈 수 없는 사람들이 현재에도 세계에 3억이나 있음을 잊어서는 안된다.

앞으로 조치해야 할 방안

인도네시아, 말레이시아, 필리핀과 같은 동남아시아 국가들의 열대우림 파괴의 최대원인은 일본의 상업용 목재 벌채라고 알려져 있다. 일본은 지금까지 이들 여러 나라로부터 라왕재를 다량 수입하여 왔다. 설령 일본이 앞으로 이와 같은 용재의 수입을 삼

*화전농업 : 열대지방에서 행해지고 있는 이동농경을 말함. 산림에 불을 놓아 농경지를 만들며, 나무와 풀이 탄 재를 유일의 비료로서 경작하는 농경방식. 지력의 소모가 빠르므로 대개 1년에서 3년마다 농경지를 바꿈.

가하더라도 이들 여러 나라들은 재원을 조달하기 위하여 목재수출을 계속할 것이다. 여러 가지 의미에서 앞으로도 열대우림의 보전을 도모해야 한다. 그러기 위해서는 산림생태계와 산림의 재생력을 파괴하지 않는 질서 있는 산림경영을 현지에서 전개하여야 한다. 구체적으로는 산림관리자 양성기관과 임업시험장을 설치하여 폭넓은 연구·교육을 실행함과 아울러 지속적으로 산림조성을 추진해 가야 할 것이다. 그러나 이들 나라에서는 스스로의 힘으로 산림을 재생하여 가기가 기술적으로나 재정적으로도 곤란하다. 그러므로 일본은 앞으로 이들 여러 나라에 대하여 산림재생을 위한 기술적·자금적 원조를 하지 않으면 안된다고 생각한다.

2. 산성비에 의해 말라 죽고 있는 산림

호수의 물고기가 죽고 산림이 말라 죽고 있다

원인을 모르는 채 호수의 물고기가 없어지고 산림이 말라 죽는 현상이 북유럽 나라들에서 나타나게 되었다. 이러한 현상이 대기오염에 의한 산성비가 원인이라고 생각하게 된 것은 1950년대에 들어와서부터이다. 대기오염에 의한 산성비의 피해는 오래 전부터 발생하였으나, 그것들은 오염원(汚染源) 주변을 중심으로 한 국소적인 현상이었다. 그러나 그 피해가 오염원으로부터 멀리 떨어진 지역에서 발생하기에 이르렀는데 처음에는 어째서 그러한 피해가 발생하였는가를 해명할 수가 없었다.

북유럽 나라들의 산성비에 의한 피해는 호소(湖沼)에서 명확

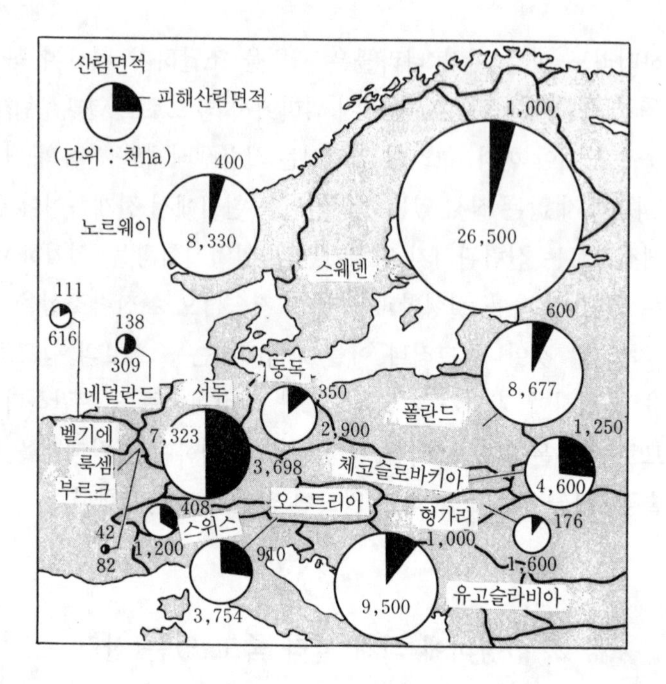

그림 Ⅵ-1 산성비에 의한 유럽의 산림피해(1985, 「Baden-Württemberg : Walderkränkung und Immissionseinflüsse 1986」, 단위 : 1,000ha)

히 나타나고 있다. 그 원인은 주로 영국이나 독일 등 중부유럽의 화력발전소와 공장지대에서 석탄이나 석유와 같은 화석연료나 폐기물을 태웠을 때 배출되는 유황산화물이나 질소산화물이다. 이들 다량의 대기오염물질은 바람을 타고 스칸디나비아, 스위스, 오스트리아 등지에 내려서 해를 끼치는, 즉 그것은 바로 인간이 만들어 낸 광역적 대기오염재해라는 것이 밝혀졌다. 그러나 어찌하여 그러한 대기오염물질이 pH4.0 전후의 산성비를 내리게 하는지에 대한 메커니즘에 관해서 아직 완전하게 밝혀내지 못한 상황이다.

북유럽 나라들에서는 호소에서의 피해는 심각하였으나 산림의 피해에 대해서는 눈에 띄는 것이 적었던 점도 있었던 탓도 있어, 거의 모든 게 불명확한 채로 남겨졌다. 그러나 그후 산성비에 의한 것이라고 생각되는 피해가 확산되었으며 북유럽 국가들 뿐만 아니라 영국, 독일, 체코슬로바키아, 폴란드 등지에도 그 피해가 나타나게 되었다. 이와 같이 산성비의 피해가 확산된 곳은 분명히 대기오염 발생원 쪽에서 바람이 불어가는 쪽에 위치한 나라들이다. 오늘날 산성비 피해의 원인국으로 되어 있는 독일은, 동시에 최대의 피해국이기도 하며, 그림 Ⅵ-1에서도 확실히 알 수 있는 바와 같이 네덜란드, 룩셈부르크와 더불어 산림면적의 절반이 산성비에 의한 피해를 받고 있다. 체코슬로바키아 등의 동유럽 나라들에서 산성비 피해가 두드러지게 나타난 것이 1980년대였던 것을 생각하면 앞으로 유럽 전체에 산성비 피해는 더욱 심각해질 것으로 보인다.

유럽에서 뿐만 아니라 미국이나 캐나다에서도 산성비에 의한 산림피해가 나타나게 되었다. 또한 일본도 간토(關東)평야의 삼나무림에서 산성비에 의한 피해가 발견되었다는 조사결과를 1985년에 군마(群馬)현 위생공해연구소가 발표한 바 있다. 석회암지대가 많은 일본에서는 산성비가 중화되기 때문에 피해가 발생하기 어렵다고 하는 사람이 있는가 하면, 앞으로 중국의 공업화가 더욱 진척되면 바람이 불어오는 쪽에 위치한 일본의 산성비 피해는 두드러지게 진행될 것이라고 보는 사람도 있다. 아무튼 앞으로 산성비에 대한 고려를 해야 할 필요가 있음은 확실하다.

사진 Ⅵ-2 산성비로 고사된 서독의 산림(교도통신 제공)

독일에 있어서의 산림피해

독일은 산림률이 전 국토의 30%도 되지 않는데도 산림국이라고 할 수 있는 나라이다. 임업선진국으로서 고도의 임업기술로 독일가문비를 위주로 한 인공림이 조성되어 있으며, 이와 같은 산림은 구석구석까지 잘 손질되어 있고, 도시근교에까지 전개되어 있다. 독일인에게 있어 산림은 일상생활을 영위하는 데 없어서는 안되는 존재이며, 도시 주민들에게 있어서도 생활의 기반으로 되어 있다. 이처럼 독일인은 마음으로부터 산림을 사랑하고 있다.

이와 같은 산림국에서 산림이 쇠약해지고 말라 죽어 가는 현상이 나타나게 되어 나라 전체에 큰 소란이 일어났다. 현재 독일인 가운데 산림이 말라 죽는 피해에 대해 한마디 하지 않는 사람이 없을 지경에 이르렀다. 그런 만큼 '산림쇠약·산림고사(枯死)'에

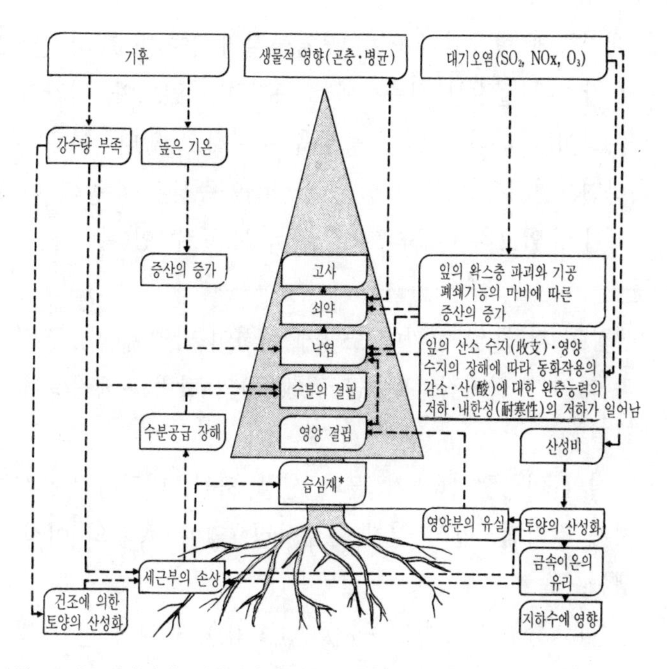

그림 Ⅵ-2 산림쇠약·산림고사의 메커니즘(전나무)
*습심재(濕心材) : 건강한 나무는 심재보다 변재(邊材)가 수분 함수율이 낮은데, 공해 등에 의해 생장장해를 받으면 심재부가 수분을 많이 함유하게 됨. 이러한 나무의 제재목은 고유의 색을 잃고 거무칙칙한 변색을 일으켜 외관상 문제가 있을 뿐만 아니라 목재가 잘 건조되지 않으며 잘 뒤틀림.

관한 연구도 활발히 진행되고 있다. 그 하나의 예로서 바덴·뷔르템베르크주 임업시험장의 조사보고(Walderkränkung und Immissionseinflüsse 1986)에 게재된 것으로 산성비에 의한 것으로 추정되고 있는 산림쇠약·산림고사 현상에 관하여 살펴보자.

산림쇠약·산림고사의 원인은 실제로 아직 명확하게는 밝혀져 있지 않다. 그러나 환경 요인 측면으로 추정되고 있는 바를 모식적으로 표현한 그림 Ⅵ-2와 같이, 현재 진행되고 있는 산림쇠약·산림고사는 대기오염·산성비에 의한 것으로 추정하고 있다. 그리고 대기중에 함유되어 있는 오염물질의 양이며 비의 산성도를 국내의 각지에 설정한 관측점에서 측정하고 있으며, 각각의 산림에서 이상이 나타나고 있는 증상을 조사하고 있다. 이 조사결과에 의하면, 현재 진행되고 있는 산림쇠약증상은 수종에 따라 상당히 차이가 있으나 다음과 같은 것들을 들 수 있다.

· 생장량 저하[잎 색깔이 노랗게 변하여 낙엽이 짐, 푸른 잎과 가지가 떨어짐, 흡수근(吸收根)의 탈락→생장량이 저하됨]
· 조직의 이상현상(줄기 끝의 생장 저해, 비정상적으로 가지가 갈라짐, 잎의 길이가 짧아짐, 열매·종자의 이상 착생)
· 수분(水分) 스트레스[습재화(濕材化), 물의 순환 저해→나무 조직내의 수분 밸런스 이상 현상]
· 병에 견디는 힘의 저하[2차적인 병으로의 감염 가능성 증대→고사]

이와 같은 산림쇠약은 입지조건·산림시업·산림의 구조에 관계없이 발생하고 있으며, 동일지역·동일임분 내에서도 같은 상태로 나타나지 않고, 재래수종 뿐만 아니라 외래수종에도 발생하고 있다. 또한 저지대의 나이가 어린 숲에는 그 피해가 적고, 해발고가 높아지면 어린 숲에서도 피해가 발생한다는 등의 사실이 밝혀졌다.

산림의 쇠약 상태는 착엽량(着葉量), 즉 나무에 붙어 있는 잎의 양(낙엽이 지는 나무는 낙엽기 이외)으로 판단할 수 있는데,

피해가 약한 경우에는 건전한 나무에 비하여 낙엽량이 적은 정도로 그치지만, 피해가 심해짐에 따라 낙엽량이 늘어 나무 밑에서 수관을 올려다 보면 하늘이 훤히 뚫려 있는 게 보인다. 그러므로 산림쇠약의 정도를 단계 0(건전, 0~10%의 낙엽), 단계 1(약도의 쇠약, 11~25%의 낙엽), 단계 2(중 정도의 쇠약, 26~60%의 낙엽), 단계 3(강도의 쇠약, 61~99%의 낙엽), 단계 4(말라 죽음, 100%의 낙엽)로 구분, 건전한 나무에서 말라 죽는 나무까지 단계별로 구분하여, 산림쇠약의 지역적 확산과 진행 실태를 조사하고 있다. 바덴·뷔르템베르크 산림의 건강상태를 수종별로 정리하면 표 Ⅵ-1과 같다. 전나무는 반수 이상이 단계 2의 상태이며, 단계 1인 것까지 합하면 3/4 정도가 피해목이어서 매우 우려되는 상황에 처해 있다. 소나무나 너도밤나무, 참나무에서는 단계 1 상태의 피해목이 늘고 있다. 산성비 피해에 강하다고 할 수 있는 것은 외래수종인 더글라스전나무인 것 같다. 나무 줄기의 지름 생장은 나이테의 간격으로 측정할 수 있는데, 피해목의 나이테 간격은 건전한 나무에 비하여 좁은 상태였는 바 생장량이 저하되고 있는 것으로 밝혀졌다.

독일에 있어 각 주의 피해 상황은 그림 Ⅵ-3과 같다. 이 그림은 남부의 바덴·뷔르템 베르크주와 바이에른주에서 심한 피해가 나타나고 있음을 보여주고 있다. 독일인이 국민적 재산으로서 소중히 여기고 있는 슈바르츠발트에서의 피해는 무려 3/4에 이르고 있다.

슈바르츠발트를 찾아가서 자동차의 차창을 통해 보면 예전과 다름없는 새까만 독일가문비 수림이 계속 펼쳐진다. 그러나 막상 임내에 들어서서 수관을 올려다 보면 낙엽이 진행되어 하늘이 올

표 Ⅵ-1 바덴·뷔르템베르크주의 산성비 영향에 따른 산림의 건강상태(「Baden-Württemberg: Walderkränkung und Immissionseinflüsse 1986」)

	독일가문비 (Fichte)	전나무 (Tanne)	더글라스전나무 (Douglasie)	소나무 (Kiefer)	기타 침엽수	너도밤나무 (Buche)	참나무 (Eiche)	기타 활엽수	계
산림면적	594,295 (100)	123,271 (100)	23,272 (100)	119,984 (100)	22,916 (100)	251,712 (100)	71,375 (100)	95,753 (100)	1,302,578 (100)
단계 0	216,150 (36.4)	16,675 (13.5)	16,266 (69.9)	26,483 (22.1)	11,545 (50.4)	91,854 (36.5)	12,469 (17.5)	50,006 (52.2)	441,448 (33.9)
단계 1	218,328 (36.7)	29,154 (23.7)	5,290 (22.7)	54,461 (45.4)	8,556 (37.3)	121,033 (48.1)	37,335 (52.3)	35,721 (37.3)	509,878 (39.1)
단계 2	148,706 (25.0)	63,591 (51.6)	1,614 (6.9)	34,305 (28.6)	2,705 (11.8)	37,120 (14.7)	21,179 (29.7)	9,465 (9.9)	318,685 (24.5)
단계 3	10,739 (1.8)	13,325 (10.8)	102 (0.4)	3,484 (2.9)	110 (0.5)	1,596 (0.6)	331 (0.5)	433 (0.5)	30,120 (2.3)
단계 4	372 (0.1)	526 (0.4)	0 (0.0)	1,251 (1.0)	0 (0.0)	109 (0.0)	61 (0.1)	128 (0.1)	2,447 (0.2)

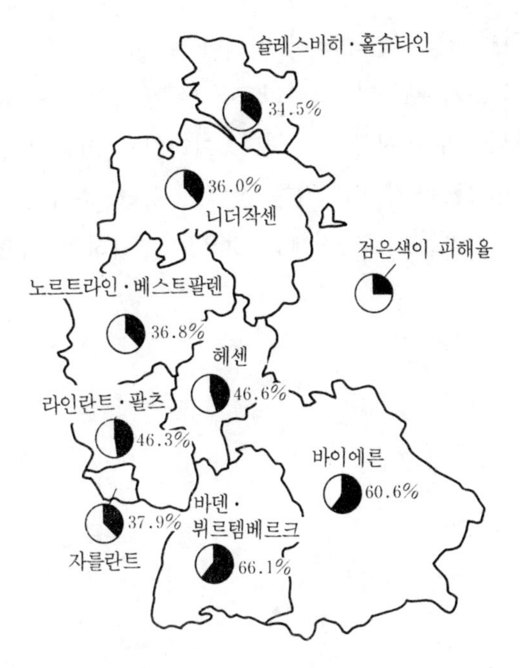

그림 Ⅵ-3 서독 각 주의 피해 상황. 산림 쇠약 단계 1~4의 면적을 산림면적 전체에 대한 비율로 나타낸 것임. 바덴·뷔르템베르크주와 바이에른주의 피해가 두드러짐. 서독 전체의 피해율은 51.9%임.

려다 보이는 수목이 많아지고 있으며, 잎이 떨어진 상태로 가지가 죽어 있어 확실히 피해목이라고 생각되는 나무도 눈에 띈다.

산성비는 문명병이다

이와 같이 산성비에 의한 것으로 생각되는 산림쇠약·산림고사는 지금도 여전히 진행되고 있는데 우리들에게 있어서는 열대림 파괴보다도 더 충격적인 일이다. 왜냐하면 세계적으로 유수의 임업기술을 구사하여 조성되어졌으며, 찾는 사람들에게 매력을 느끼게 하였던 독일의 '인공림'이 어찌할 수 없이 쇠약하여지고 말라 죽어가고 있기 때문이다. 우리들은 풍요로움을 추구하여 유한한 광물자원을 마구 사용하여 왔다. 이러한 소비의 한없는 확대 때문에 재생능력을 가지고 있는 산림도 말라 죽기에 이르렀다. 이것이야말로 문명병, 그 자체인 것으로 생각하지 않으면 안된다.

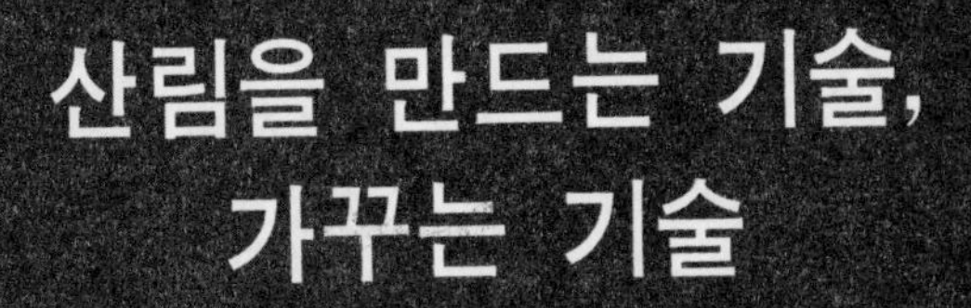

VII

일본의 육림기술은 오랜 경험과 지혜의 축적 위에서 멋진 개화를 보였다. 또한 여러 목적에 맞추어서 희망하는 나무로 가꾸었다. 대표적인 임업지인 요시노(吉野) 지방의 육림기술 체계를 표본으로 하여, 그 합리성과 과학성을 검증한다. 다양화하는 산림의 이용법에 맞추어 새로운 시대에 적합한 기술의 개발이 요구되고 있다. 독일과 같이 장기적인 관점에 입각한 산림조성 계획이 필요하다.

1. 문화적 산물로서의 산림

역사가 긴 육림기술

산림은 위대한 자연의 힘을 잘 이용하여, 인간이 지혜와 노력을 가해 만들어 낸 문화적 창조물이다. 이와 같은 산림을 만들어 내는 기술이 바로 '육림기술'이다.

현대와 같은 기술사회에서는 우주로켓 기술과 같은 것은 고도의 기술로 간주하나, 육림기술은 대단한 기술이 아니라고 생각하는 사람이 많은 듯하다. 그러나 "문명은 숲에 처음 도끼를 대었을 때에 시작되었고, 숲이 없어졌을 때 소멸한다"고 하는 말이 있듯이, 저 위대한 이집트 문명, 메소포타미아 문명, 더욱이 황하 문명에 이르기까지, 육림기술이 발달되지 않았기 때문에 산림을 파괴한 채로 재생할 수 없었으며, 그 결과 문명 그 자체가 쇠퇴하여 간 것을 생각하면 육림기술은 문명을 유지하여 가기 위해 필요한 기술이며, 사회적 요구에 따라 대응할 수 있는 매우 높은 수준의 기술이다.

산림은 하루아침에 만들어지는 것은 아니다. 또한 인간이 산림을 만들어가는 경우에는 많은 지혜와 노동력을 필요로 하는 만큼 그 경영은 쉬운 것이 아니다. 그러나 산림에는 꿈이 있으며 그것을 만드는 임업 기술에도 꿈이 있다. 이에 우리는 노동에 의해 산림을 만들고 유효하게 이용하여 온 역사를 가지고 있다.

동해쪽을 연한 해안에는 방풍(防風)과 방사(防砂)를 도모하기 위하여 '해안림'을 만들어 왔고, 또한 홍수를 막기 위하여 '수류림(水留林)'을 전국 각지에 만들어 왔다. 더욱이 풍경을 유지하기 위하여 산림이 만들어진 곳도 많다. 그러나 뭐니뭐니 해도 산림에 대하여 가장 큰 기대는 목재와 같은 임산물 생산에 있었으므로 임산물을 생산하기 위한 산림이 가장 많이 조성되었다.

목적에 따라 달라지는 기술

바람을 막기 위한 산림을 만드는 기술과 임산물을 생산하기 위한 산림을 만드는 기술이 같지는 않다. 그렇지만 임산물 생산을 위한 산림일지라도 산림이 지니고 있는 여러 가지 효용을 중복적으로 지니고 있는 경우가 많다. 예부터 임산물을 생산하기 위한 산림을 만드는 기술 가운데에는, 각종 효용을 산림이 발휘하게 하는 기술도 포함되어 있는 것으로 생각하여 왔다. 예를 들면 바닷가의 방풍·방사림과 같이 특별한 장소에다 산림이 지니고 있는 여러 효용 중에서 특정의 효용만을 기대하고 산림을 만드는 경우에도, 기본적으로는 임산물 생산을 위한 산림을 만드는 기술이 큰 역할을 하였다.

최근 들어 산림에 어떤 특정효용만을 발휘시키기 위한 정비를 바라는 요구도 많아져서, 토사붕괴 방지를 위한 산림을 만드는 기술, 생활환경이 좋아지게 하기 위한 산림을 만드는 기술 등의 개발이 필요하게 되었다. 이 경우에도 역시, 이들 산림을 만드는 기술의 바탕이 되는 것은 오랜 역사를 통하여 닦아 온 임산물 생산을 위한 산림을 만드는 기술이다. 이러한 의미에서, 이 장에서는 일본에서 전승되어 온 임산물 생산을 위한 산림을 만드는 기술을 중심으로 설명하고자 한다.

2. 연료림을 만드는 기술－농민들에 의해 고안된 기술

중요한 에너지 자원

석유·프로판가스며 전기가 가정용 에너지의 중심으로 이용되게 된 것은 최근의 일이다. 이전까지는 산림에서 얻어지는 장작·잡목·숯과 같은 목질재료(木質材料)가 중요한 가정용 에너지원이었다. 취사용 뿐만 아니라 목욕물을 데우거나 겨울철 난방을 위해서도 산림이 필요하였다. 이와 같은 연료재(연료용 장작이나 숯을 만들기 위한 목재)를 고갈시키지 않고 지속적으로 생산하여 온 것이 '연료림을 만드는 기술'이었다.

움을 이용한 산림만들기

농민들은 연료재를 언제라도 확보할 수 있는 방법으로서 수목이 움(맹아)을 발생하는 성질을 활용할 줄 알았다. 상수리나무나 졸참나무와 같은 낙엽활엽수 줄기의 지면 가까운 부위를 자르면 다음 봄에 그 그루터기에서 여러 대의 움이 나온다. 그 가운데서 몇 그루만을 남기고 나머지는 잘라 버린다. 남겨진 움은 빠른 속도로 자라서 수년이 지나면 연료재에 적합한 크기로 되므로 이것을 벌채하여 이용하고, 그루터기에서 다시 움이 나오게 하는 방법이다.

이와 같이 움을 이용하여 산림을 만들어 연료재를 채취하는 방법은 단기간에 많은 양의 목재를 수확할 수 있는 대단히 우수한 방법이다.

마찬가지 방법으로 중세 유럽의 농민들도 신탄재를 생산하였는

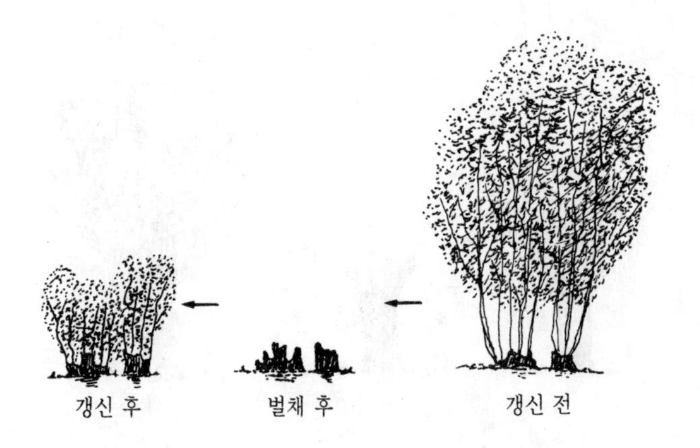

그림 Ⅶ-1 움을 이용한 산림 만들기(맹아 갱신)

데 이와 같은 방법을 카피스(Coppice)라고 한다. 동서양에서 동일한 산림 만드는 기술이 전개된 것은 매우 흥미로운 일이다.

이 밖에도 중세유럽에서는 벌채 높이를 지표면 가까이 하면 야생사슴이나 방목하는 소, 말 같은 동물들이 새싹을 먹어 버려 어린 나무가 자라지 않게 되므로, 동물의 식해(食害)가 심한 곳에서는 느릅나무, 너도밤나무 등 낙엽활엽수의 줄기를 지상 2~3m 정도의 높이에서 잘라 다음해 봄에 나온 새 움을 길러서 신탄재로 이용하는 방법을 반복하여 왔다.

이와 같은 산림을 폴라드(Pollard)라고 하며, 오늘날에도 영국이나 프랑스를 가보면 2~3m 높이에 머리가 혹투성이가 되어 이상한 모습을 하고 있는 활엽수를 볼 수가 있다.

반구리야마란?

움을 이용하여 연료림을 만들 수 있게 됨에 따라 연료재의 지

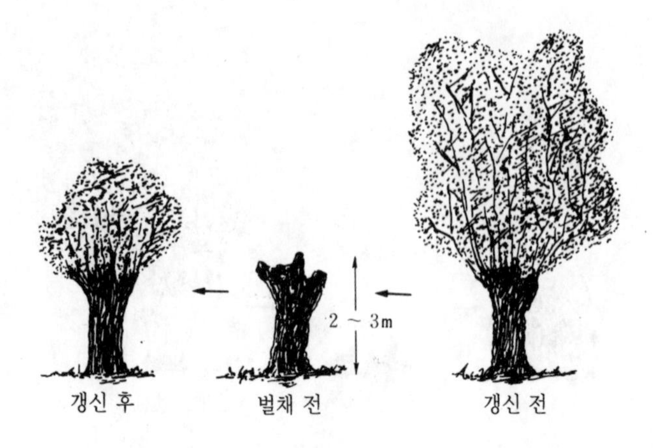

그림 Ⅶ-2 폴라드로 산림 만들기

속적인 생산이 가능하게 되었으나 농민이 소득원으로서 연료림을 매년 활용하기 위해서는 그 방도를 더욱 궁리할 필요가 있었다.

도사(土佐)번에서는 번의 재정을 지탱하였던 것이 바로 장작의 판매 수입이었으므로, 연료재의 계획생산이 큰 과제였으며 연료림의 계획적 시업이라는 취지에서 '반구리야마(番繰山)'가 제도화되었다. 도사에서는 움으로 갱신된 지 20년 정도 지난 활엽수(졸참나무나 상수리나무 등)를 연료재로 잘랐으므로 신탄림 전체를 20개로 구획하여 매년 1구획씩 차례로 잘라 가기로 한 것이다. 예를 들어 100ha의 연료림이 있는 경우 매년 5ha씩 잘라 가는 것이다. 벌채된 활엽수의 그루터기에서 나온 움이 나무로 되어 성장하여 가므로, 처음에 자른 5ha는 20년 후에 다시 벌채하여 연료재를 얻을 수 있다. 이와 같이 산림을 과하게 자르지 않고 항상 안정되게 연료재를 벌채하여 매년 고정 판매수입을 얻을 수 있게 하였다.

이와 같은 계획적으로 윤벌하여 가는 신탄림 경영이 이루어졌던 것은 도사번 뿐만 아니라 다른 번에서도 이루어졌다. 또한 유럽에서의 폴라드나 카피스 경영도 이와 똑같은 방법으로 이루어졌는데 모두 산림자원을 지속적으로 이용하고자 하는 훌륭한 지혜였다.

3. 유용한 목재를 얻기 위한 산림을 만드는 기술 —요시노의 육림기술

술통을 만드는 나무 기르기

인간생활에 필요한 목재를 천연림의 벌채에 의해 얻었던 시대에는 산림을 조성하고 기르는 것을 생각할 필요가 없었다. 그러나 어느 사이에 천연의 유용한 목재를 채취할 산림이 없어졌으므로 인공적으로 기르지 않으면 안되게 되었다. 오늘날 많은 사람들이 산림은 방치해도 목재를 얻을 수 있다고 생각하는 것 같으나 유용한 목재는 그렇게 간단히 얻을 수 있는 것이 아니다.

일본은 기상조건이 좋아서 식물이 아주 잘 자랄 수 있는데다 그 종류도 대단히 많다. 그렇지만 인간에게 유용한 목재를 얻을 수 있는 종류의 수목에 특히 유념하여 기르지 않는 한 유용한 목재를 얻을 수 없다.

이러한 자연조건하에서 양질의 목재를 다량으로 생산할 수 있는 산림을 만드는 육림기술이 전국 각지에서 제각기 만들어졌으며, 그 기술을 토대로 산림이 조성된 결과 임업지역이 형성되었다. 각 임업지역의 육림기술은 현대의 생태학적 개념으로 보아도 모두 합리적인 것이어서, 옛 선인들이 생활의 체험을 통하여 자연의 철칙에 대해 상당히 깊게 느껴 잘 알고 있었다는 사실을 엿볼 수 있다.

모든 임업지역에는 각기의 육림기술이 체계화되어 있는데, 이 가운데 특히 높이 평가되고 있는 것이 나라(奈良)현 요시노 임업지역의 기술체계이다.

요시노의 육림기술체계는 *양조용 나무통을 만드는 통나무를 생산하기 위하여 '수종과 적지의 판정에서 이식(移植) 및 식재 후의 무육관리에 이르기까지 세심한 주의를 하며, 각 단계(나무의 나이)에 있어서의 생산재는 굵거나 가는 것 모두 가장 가치가 높은 용도로 쓰이도록' 산림을 육성하는 기술체계가 구축되어 왔다.

양조용 용기인 술통을 목재로 만들기 위해서는 심재(心材)가 짙은 붉은 빛을 띠고 나이테 폭이 거의 균일하여야 하며, 줄기가 곧고(통직), 옹이가 없으며(무절 : 無節), 줄기의 위아래 굵기가 큰 차이 없는 것(완만) 등의 조건을 갖추지 않으면 안된다.

요시노에서는 이러한 목재를 생산하는 것을 목표로 산림을 조성하여 왔으며, 이 목표를 실현하기 위하여 다른 임업지에 유례가 없는 집약적인 육림기술이 생겨났고 전통적으로 이어져 내려왔다.

*양조용 나무통을 만드는 통나무는 술의 양조에 쓰이는 술통과 저장용 술통을 만들기 위한 목재로서 오래 전부터 삼나무가 소중하게 여겨져 왔는데, 특히 요시노 삼나무는 가장 우수한 것으로 평가되어 왔음.

그러나 오늘날에 와서는 요시노의 육림기술을 형성하게 하였으며 요시노 임업의 경영을 지탱하여 왔던 양조용 술통의 수요가 감소되었고, 더욱이 요시노 임업경영의 근간이 되어 왔던 *차지(借地)임업이며 *산수(山守)제도와 같은 애림사상도 약해져 있다.

또한 근면하고 많은 노력을 하였던 우수한 사람들이 도시로 빠져 나가고 있기 때문에 오랜 전통 위에서 확립되어 온 요시노 특유의 훌륭한 육림기술의 전승이 위협받고 있다. 허나 일본의 근대 육림기술은 요시노 육림기술을 규범으로 하여 육성되어 왔으므로 이 기술을 중심으로 하여 일본에서의 산림조성에 관한 기술 전반에 관하여 살펴보자.

실생묘와 삽목묘

일본에서 산림을 조성하는 행위는 산지에 묘목을 심는 것으로 시작된다. 묘목의 식재가 『고사기(古事記)』 시대에 이미 이루어진 사실은 이 책의 내용으로 알 수 있다. 산지에서 벌채나 산불 등에 의하여 산림이 없어진 곳을 방치하면 초본류가 번성하여 좀체로 수목이 자랄 수 없으므로 속히 산림을 만들어 내기 위하여

* 차지임업이란, 토지 소유자는 임지를 제공하고 투자가는 조림이나 육림의 경비를 부담하며, 벌채하여 수입을 올렸을 때에는 차지료로 토지소유자에게 수입액 가운데 일정액을 지불하는 계약조림을 말함.
* 산수제도란, 차지임업의 투자가가 그 부락에 살고 있지 않을 때 그 투자자의 대리인으로서 또한 그 산림의 관리수탁자로서 부락에 살고 있는 유력자를 '산수'로 위탁하여, 조림이며 육림과 같은 관리운영 일체를 산수가 실행해 가는 제도를 말함.

묘목을 심는 것은 매우 훌륭한 방법이라고 하겠다.

산지에 심는 묘목은 묘포에서 육성된다.

묘목은 종자를 뿌려서 키운 '실생묘(實生苗)'와 어미나무에서 채취한 '삽수'를 묘종판에 꽂아 키운 '삽목묘(揷木苗)'가 있다. 삼나무의 삽목묘는 규슈(九州) 지방에서 오래 전부터 쓰여져 왔으며, 이밖에도 돗토리(鳥取)현, 교토(京都)부, 도야마(富山)현, 지바(千葉)현 등지에서 삽목묘가 사용되어 왔다.

이에 반해 요시노에서는 실생묘가 사용되어 왔다.

우량한 실생묘를 키우기 위해서는 우선 종자를 채취하는 어미나무를 골라야 한다. 그리고 우량한 나무가 선정되면 10월 중·하순에서 11월 하순에 채종·선별하여 잘 건조시킨 후 마대에 넣어서 밀봉, 빙고(氷庫)나 움막에 넣어 저장하여 둔다. 이렇게 저장한 종자는 3월 하순부터 4월 상순경에 묘상에 뿌려진다.

발아된 묘목에 대하여서는 제초·물주기·솎아내기 등 밭작물과 같은 관리를 한다. 2년째에는 묘목을 캐내어 선별하고, 곧은 뿌리를 적당히 끊고 뿌리를 잘 펴서 옮겨 심는다. 이것을 판갈이(상체)라고 한다. 3년째에는 2년생의 묘목 중에서 좋은 것을 골라 식재지인 산으로 운반하여 조림한다.

조림지 정리작업

일본의 산은 잡초와 잡목이 아주 무성하게 되는 특징이 있다. 그러므로 산에 묘목을 심기에 앞서 잡초와 잡목을 없애 버리지 않으면 묘목의 활착·생장 등 효율이 나빠지게 된다. 이러한 잡목과 잡초를 없애 버리는 작업을 '조림지 정리작업'이라고 부른다.

이 작업은 가급적 조림 전해의 연말까지 완료하여 새해에 언 땅이 풀리면 언제나 심을 수 있도록 한다.

요시노에서는 조림지 정리작업을 할 때 이전에 자랐던 수목의 가지나 잡초·잡목을 소각하는 습관이 있다. 이러한 불놓기는 지상의 유기물을 태워 버리므로 지력이 저하되는 까닭에 안하는 것이 좋다는 연구자도 많으나, 묘목의 식재나 그 이후 계속되는 밑풀베기 등의 작업능률을 생각하면 임업경영상 불놓기는 바람직한 조림지 정리작업법으로 간주되어 지금도 실행하는 경우가 많다.

조림

산에 묘목을 심는 시기로서는 봄(2월 상순부터 3월 중순)·장마철·가을이 적기로 되어 있다. 이 이외의 시기에는 수분 부족 등의 원인으로 묘목이 말라 죽는 경우가 많다.

묘목의 조림 그루수로 볼 때 요시노에서 배게 심는 것은 유명하다. 과거에는 ha당 최고 1만 2천 그루 정도를 심었다. 최근에도 삼나무는 8천 그루에서 9천 그루, 편백은 7천 그루에서 8천 그루 가량 심고 있다.

현재 많은 지역에서 ha당 3천 그루의 묘목을 심고 있으며, 과거 오비(飫肥)임업지에서는 ha당 1천 그루 정도의 묘목을 심었고, 가지를 직접 임지에 삽목하는 경우에는 5백 그루 정도였던 것을 감안하면 요시노에서 얼마나 높은 밀도로 나무를 심어 왔는지 알 수 있다.

삼나무와 편백을 섞어심기

요시노에는 삼나무와 편백이 섞여 있는 *혼효림(混淆林)이 많다. 이는 나무를 심을 때에 삼나무와 편백을 섞어 심기 때문이다.

삼나무와 편백을 섞어 심는 비율은 토지가 비옥한지 메마른지에 따라 달라진다. 계곡부와 같이 습윤한 곳이나 북쪽사면 아래쪽과 같이 비옥한 곳에는 삼나무의 비율을 많게 하므로 편백을 심는 양이 적게 된다. 활엽수가 자라나 벌채된 자리는 땅이 비교적 기름지기 때문에 삼나무의 비율이 많으며, 벌채·조성이 반복된 곳은 토지가 메마르게 되므로 편백의 비율이 늘어나게 된다.

숙련된 조림 노동자는 방위·습도·비옥도 등을 감안하여 삼나무와 편백 묘목을 적절히 섞어 심는다.

북쪽을 향하고 있으며 습기가 많아 삼나무 심기에 적당한 곳이라도 산등성이에 가까운 데에는 반드시 편백을 혼식하며, 메마른 곳에는 소나무를 심는다. 또한 남향의 산등성이로서 토지가 메말라 편백 순림으로 조성해야 할 곳도 사면 아래쪽 골짜기에는 삼나무를 10~15% 정도 섞어 심고 있다.

밑풀베기와 덩굴치기

가령 조림지 정리작업을 아주 면밀하게 하여 모든 잡초나 잡목을 제거하였다 하여도 계속 내버려두면 이내 심은 나무를 덮어버린다. 따라서 심은 뒤 4~5년간은 매년 5월 중순~6월 상순과

*혼효림 : 순림(純林)에 상반되는 말로서 두 종류 이상의 나무로 이루어진 숲.

8월 중순~9월 중순의 2회에 걸쳐서 잡초나 잡목을 제거하여야 한다. 이 작업을 '밑풀베기'라고 하며, 매우 고된 임업노동의 하나로 되어 있는데 이것을 하지 않으면 심은 나무가 말라 죽어 버린다.

나무를 심고서 7~8년이 지나면 심은 나무는 키가 3m쯤 되고 가지도 옆으로 확장하므로 잡초나 잡목은 그리 나지 않게 된다. 한편 으름덩굴이나 칡, 등나무와 같은 덩굴들이 자라서 나무를 감아 잘 자라지를 못하게 할 뿐만 아니라 나무모양을 망가뜨리므로, 이러한 덩굴들은 잘라 주어야 한다.

잡목 솎아베기(제벌)

삼나무나 편백이 좀더 자라면 수관이 서로 빽빽이 맞닿게 됨에 따라 나무의 아랫가지는 죽게 된다. 또한 임목들 사이에는 경쟁이 일어나 생장이 우세한 나무가 열세인 나무를 덮어 버리게 된다. 열세한 나무(생장이 나빠 피압된 나무)며 불량목(구부러진 나무, 내린 눈에 의해 가지나 줄기가 부러진 나무, 형질이 나쁜 나무)을 잘라 산림의 밀도를 조절하여 생장이 우세한 우량목의 생장을 돕는 작업을 '잡목 솎아베기'라고 한다.

가지치기

요시노에서는 통직·무절·완만한 목재의 생산을 목표로 하고 있다. 가지치기는 특히 옹이가 없고, 나무줄기의 위·아래 굵기가 큰 차이가 없는 완만한 목재를 얻기 위하여 필요한 작업이다. 목재에 옹이가 없는 '무절재(無節材)'는 나뭇결이 고와서 고가로

거래되고 있다. 목재의 옹이는 수목의 가지에 의하여 생긴다. 가지가 없는 수목은 없으므로 목재는 당연히 옹이가 생기게 마련이다. 그러나 수목의 종류에 따라서는 나무 줄기의 아래쪽에 붙어 있는 가지가 자연히 말라 떨어지는 것도 있는데 그러한 부분을 켠 목재에는 옹이가 없는 경우가 많다. '가지치기'는 나무 줄기 아래쪽에 달려 있는 가지를 인위적으로 잘라내어 옹이가 없는 목재를 생산하기 위한 작업이다. 또한 나무의 줄기는 일반적으로, 가지가 붙어 있지 않은 부분은 그 굵기가 거의 같게 되는 성질이 있으므로, '가지치기'를 하면 나무줄기의 윗부분과 아랫부분의 굵기가 고른 '완만재'를 얻을 수가 있다.

특히 '기둥감'을 생산하는 경우에는 기둥의 표면에 옹이가 생기지 않도록 하기 위하여 줄기의 굵기가 7~8cm인 데까지 가지치기를 한다. 한편 죽은 가지를 남겨두면 '죽은 옹이'가 생기는데, 판재로 켜면 옹이가 빠져 버리기 때문에 나무가격이 싸지므로 가지가 살아 있는 동안에 가지를 잘라내어 옹이가 생기더라도 목재와 연결된 '산 옹이'가 되도록 하고 있다. 가지치기는 매우 많은 노력을 필요로 하나 목재의 판매가격은 가지치기를 하지 않은 목재에 비하여 큰 차이가 있으므로 수익성을 높이기 위하여 열심히 행해지고 있다.

간벌

'간벌'이라는 것은 임목이 생장해 감에 따라 서 있는 나무의 밀도를 조절하는 작업이다. 요시노에서는 간벌을 '솎음[間引]' 또는 '골라베기[拔伐]'라고 한다.

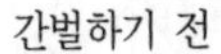

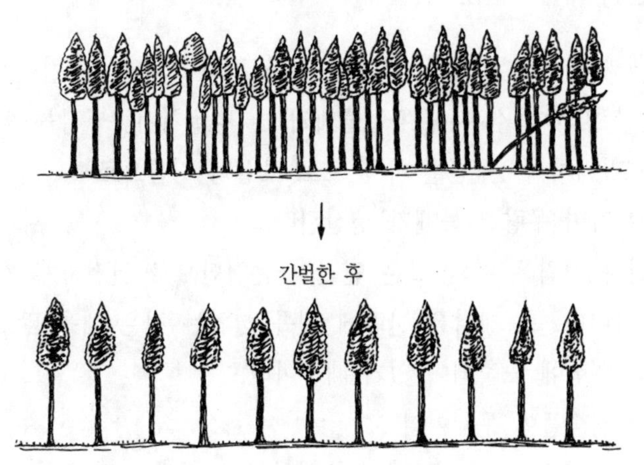

그림 Ⅶ-3 간벌. 25년생 정도가 되면, 장차 벨 때까지 남겨질 우량한 나무를 짐작할 수 있다. 이러한 나무는 남기고, 이들 나무의 생장을 방해할 것 같은 나무나 장래성이 없는 나무는 베어내어 밀도를 조절한다.

나무가 생장함에 따라 각기 점유면적이 넓어지게 되므로 나무끼리 서로 경쟁이 일어나게 되는 것에 대해서는 잡목 솎아베기에서도 설명하였다. 이러한 경쟁의 결과 피압된 임목은 물론 인접하고 있는 임목도 강하게 압박하는 임목, 즉 폭목(暴木)이 생기게 된다. 이러한 임목과 서로 경쟁관계에 있는 임목들을 벌채하여 밀도를 조절해 가며, 여기에서 생산되는 간벌재는 판매하여 수입을 올리는 작업이 '간벌'이다.

과거에는 간벌재가 나름대로 팔렸기 때문에 수입을 얻을 수가 있었으므로 간벌이 원활하게 이루어졌으나, 최근에는 판로가 없어 적극적으로 행해지지 못하고 있어 과밀한 산림이 늘고 있다.

산림에 해를 끼치는 것들

이제까지 서술한 바와 같이, 묘목을 길러 그것을 '조림지 정리'가 끝난 임지에 심은 후, '밑풀베기'→'덩굴치기'→'잡목 솎아베기'→'가지치기'→'간벌'의 순으로 보살펴 기름으로써 산림이 만들어져 가며 우량한 목재가 생산된다.

그러나 산림은 이와 같은 인간의 손질만으로 건전하게 자라는 것은 아니다. 그 까닭은 산림에 해를 끼치는 것은 매우 많고, 늘 피해의 위험에 노출되어 있기 때문이다.

우선 짐승들이 문제이다.

곰이나 사슴은 30~50년생의 삼나무나 편백의 껍질을 벗긴다. 멧돼지 때문에 조림한 나무가 밟혀 쓰러지거나 뽑혀 말라 죽기도 한다. 토끼는 어린 나무의 껍질을 벗기고 새순을 잘라 먹는다. 또한 *영양(羚羊)도 편백의 잎을 먹는다.

이보다도 더 큰 해를 주는 것은 태풍과 눈이다. 태풍과 눈 때문에 매년 산림이 파괴되고 있다. 쌓인 눈에 의하여 10년이나 자란 나무가 넘어가는 일도 있는데, 이런 때에는 넘어간 나무를 일으켜 세운 뒤 가까운 나무에 새끼로 동여 매는 작업을 한다. 또한 산불에 의하여 산림이 전멸되어 버리는 일도 많다.

이와 같이 산림을 조성하여 가는 데는 매우 오랜 시간이 필요할 뿐만 아니라 언제나 큰 피해를 받는 위험에도 노출되어 있다.

*영양 : 소과의 짐승. 험한 지형의 침엽수림에서 삶. 생김새가 염소와 비슷한데 온몸의 보드라운 긴 털은 회색을 띤 황갈색임.

체계화된 육림기술

산림을 조성하는 기술은 묘목을 심고 나서 나무를 벨 때까지의 100년 가까이 되는 기간에 각각의 단계에서 산림에 대하여 손을 보아야 하는 작업에 대한 기술 뿐만 아니라, 생산기간 전반에 걸쳐서 필요한 여러 작업기술을 체계화한 것이 포함된다. 예를 들어 심은 그루수는 잡목 솎아내기 작업이나 간벌과 아주 깊은 관계가 있으며, 조림지 정리작업은 식재나 밑풀베기 작업과 깊은 관계가 있다. 요시노의 육림기술을 보면 각각의 단계에서의 기술이 매우 합리적으로 연결되어 하나의 체계를 이루고 있음을 알 수 있다.

더욱이 육림기술의 체계는 요시노 입업의 여러 기술에서 알 수 있듯이, 생산되는 목재의 용도와도 밀접한 관계를 가지고 있다. 지역사회의 경제며 생활양식 등은 시대에 따라 변화하며 그에 따라 목재의 용도 또한 변화한다. 앞으로도 이와 같은 상황은 계속될 것이다. 그러므로 육림기술의 체계도 이러한 목재용도의 변화에 탄력적으로 대응하여 가지 않으면 안될 것이다.

그렇지만 현재 일본의 각지에서 볼 수 있듯이 임지에 묘목을 심어 밑풀베기는 했다 하나 임업 경영의욕이 저하되어 잡목 솎아베기와 간벌을 하지 않은 채 방치하고 있는 것은 육림 기술의 탄력적 적용이라고는 할 수 없다. 적절한 손질을 하지 않는 한 산림은 황폐하여 갈 뿐이다.

4. 시대에 걸맞는 기술의 개발
-다양한 산림조성이 필요

일손이 없는 시대를 맞이하여

일본에서는 요시노 임업지에서와 같이 지역조건에 적합한 '산림을 조성하는 기술'이 전해져 내려 왔다. 또한 메이지 시대 이후, 임업의 근대화를 지향하여 목재수확의 보속을 기본개념으로 한 근대적인 '산림을 조성하는 기술'이 널리 보급되어 왔다. 이와 같은 육림기술 체계가 확립되었던 때에는 산에서 일할 사람이 많았기 때문에 비교적 싼 임금으로 일꾼을 확보할 수가 있었다. 따라서 잡초와 잡목과의 싸움에 많은 노동력을 투입하였으며 더욱이 우량한 목재를 가급적 짧은 기간에 생산하고자 많은 노동력을 투입하는 형태의 육림기술 체계가 구축되었다.

목재를 생산한다는 측면에서 보면, 인공림은 천연림에 비하여 훨씬 효율적이다. 한 채의 주택을 지을 때 소요되는 원목을 천연림에서 구할 경우엔 인공림의 몇 배나 되는 면적의 산림을 벌채하여야 한다. 천연림에서는 목적에 알맞은 나무가 분산하여 자라고 있으며 또한 나무들이 고르게 성장하고 있지 않으므로 필요한 만큼의 목재를 얻는 데는 수많은 나무를 벌채하지 않으면 안되기 때문이다. 그러므로 생산성이 높은 인공림을 육성하면 그만큼 자연림을 벌채하지 않아도 되기 때문에 자연보호 면에서도 유리하다. 인공림 조성을 중단하는 것이 좋은 것이 아니며, 역시 앞으로도 목재생산을 위해서는 인공림을 조성하여 가지 않으면 안된다는 이유는 바로 이러한 점에도 있다.

그러나 앞으로 지금까지와 같은 형태로 산림에 많은 노동력을 투입할 수는 없을 것이다. 또한 목재의 가격도 과거와 같은 상승은 기대할 수 없게 되었다. 그러므로 육림투자의 효율화를 이룩하지 않으면 안된다. 산촌에 일손이 없는 시대를 맞이하여 노동절약형 육림기술 체계의 확립이 크게 요청되고 있다.

결점이 두드러진 대면적 인공 일제림

제2차 세계대전 후의 '확대조림기'에는 산등성이의 메마른 토지며 급경사지에 이르기까지 획일적인 인공일제림이 조성되었다. 이것이 원인이 되어 재해가 발생하거나 풍경이 훼손되는 적도 있어서 이러한 인공일제림 조성에 대한 비판의 소리가 높아지게 되었다.

분명히 인공일제림은 본디 유용한 목재를 생산하기 위한 산림이다. 그렇지만 국토보전이며 풍경유지에 나름으로는 기여를 하여 왔다고 하여 인공일제림을 조성하기만 하면 국토보전 면에서나 풍경유지 면에서도 문제될 것이 없다는 안이한 생각이 있었던 것도 사실이다. 그러나 아무리 그렇더라도 너무 대면적에 걸쳐서 획일적으로 산림을 조성한 것은 문제이다.

인공일제림은 나이가 같으며 동일한 수종으로 구성되어 있어서 폭풍에 의해 일제히 임목이 뿌리째 넘어지거나 나무줄기가 부러지기도 한다.

1984년 가을, 광대한 면적의 낙엽송 일제조림을 조성해 왔던 나가노현을 덮친 태풍으로, 바람의 통과 범위에 있던 낙엽송이 한 그루도 남김없이 무참히 '뿌리째 뽑혀진' 적이 있었다. 또한 이러한 인공일제림은 풍해 뿐만 아니라 설해(雪害)나 병충해에도 걸리기 쉬운데 이러한 피해를 입은 산림은 제2차 세계대전 후 급격히 인공조림지를 확대시킨 임업지에서 흔히 볼 수가 있다.

더욱이 대면적에 걸친 인공일제림에는 잡초나 키가 작은 나무가 나지 않기 때문에 토양을 악화시키거나 토사붕괴의 원인이 된다는 지적을 하는 연구자도 많으므로 이들 인공일제림에 손을 대어 건전한 산림으로 유도하여 가야 한다.

다양한 산림조성

요사이 사람들이 산림에서 추구하는 것은 임산물생산 뿐만 아니라, 환경보전이나 레크리에이션 활동, 나아가 문화면에 이르기까지 헤아릴 수 없을 만큼 많아졌다. 이와 같이 종래의 산림조성 방법은 큰 전환기에 접어 들었다고 할 수 있다. 산촌의 산림소유자가 오로지 목재를 생산하여 소득을 얻기 위해 산림을 육성하여 왔던 시대는 이미 지났으며 사람들의 다양한 요청에 부응할 수 있는 산림을 조성하지 않으면 안되는 시대가 되었다.

이와 같이 다양한 요청에 부응한 다양한 산림을 조성하는 데는 종전과 같이 '천연림을 벌채하여 인공림을 조성하여 가는' 등의 '임종(林種) 전환'을 우선 중지하여야 한다. 그리고 천연림 가운데 '원시림'이나 '자연림'에 대해서는 사람의 손을 가능한 한 대지 않고 자연의 힘에 맡겨서 산림을 유지하여 가고, '잡목림'에 대해서는 움(맹아)으로써 새로운 세대의 산림을 조성하며, 천연생 소나무림 등은 자연낙하한 종자의 발아에 의해 산림을 조성하여 가는 등 적극적으로 천연림을 조성하여 가는 것이 좋다고 생

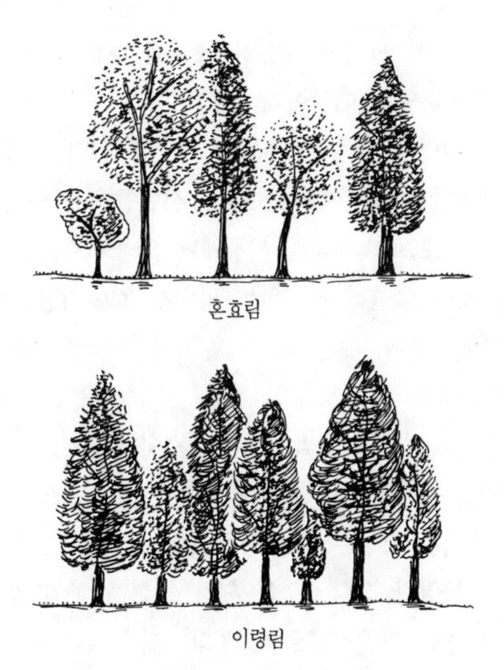

그림 Ⅶ-4 혼효림과 이령림

각한다.

인공림에 있어서도 여러 수종이 섞여진 '혼효림'이나 나이가 다른 나무가 섞여진 '이령림'을 조성하면 너무 어려운 기술을 쓰지 않더라도 다양한 산림조성은 가능하다.

제2차 세계대전 때까지만 해도 다음 세대의 산림을 조성하는 방법은 묘목을 산지에 식재하는 '인공조림' 뿐만 아니라, 움(맹아)을 이용하는 '맹아갱신'이며 나무에서 자연히 떨어진 종자의 발아에 의한 '천연하종갱신'이 아주 보편적으로 행해졌다. 또한 혼효림도 넓은 면적에 걸쳐 육성되었고 삼나무 이령림도 각지에서 육성되었다. 이러한 산림의 모습이 점차 사라져간 것은 '될 수 있는 대로 가지런한 크기의 유용한 목재를 효율적으로 생산하는' 산림조성이 우선하였기 때문이다.

산림조성에 있어 현실적인 일꾼은 산촌에 살며 임업에 종사하고 있는 사람들이다. 임업에 종사하는 사람들에게 있어서 산림이란 생활수단이므로, 그 사람들의 경제에 도움이 되는 산림조성이 진행되어 온 것이 당연하다고 하면 당연한 것이지만, 결과적으로 그 때문에 인공식재에 의한 침엽수 일제림만 늘어나 버렸다.

앞으로 새로이 다양한 형태의 산림을 조성하는 경우라도 산림이 임업종사자의 경제에 도움이 되도록 하는 것이 필요하다. 그와 같은 조건만 갖추어진다면 산림조성기술은 이미 확립되어 있으므로 다양한 산림조성은 가능하다고 본다.

어찌되었든 다양한 산림조성을 위하여 현재 하지 않으면 안되는 것은 너무나도 획일적으로 조성되어져 버린 '인공일제림'의 일부를 '혼효림'이나 '이령림'으로 변환시킴으로써 산림구성의 다양화를 실현하여야 하는 것이다.

독일의 복층 혼효림

독일에서는 이미 오래 전부터 혼효림과 복층림이 조성되어 왔다. 독일과 일본은 자연 조건이나 사회조건이 다르므로, 이러한 기술을 그대로 도입하는 것은 위험하지만 그 개념은 배울 점이 있다. 따라서 독일에서 '복층 혼효림'을 조성하는 기술 한 가지를 소개하고자 한다.

독일의 남(南)슈바르츠발트에는 인공조림 수종으로 외국에서 도입한 독일가문비와 토착 향토종인 전나무, 너도밤나무가 섞인 건전한 복층혼효림이 조성되어 있다. 이러한 산림에 대하여 상트·메르겐 영림서의 홋켄요스 씨는 "*양수와 음수, *천근성 수종과 심근성 수종이 조화를 이루면서 서로 보완하고 있다"고 말하고 있다. 이러한 혼효림 중의 하나로서 프라이부르크시 근교에 있는 상트·메르겐에는 '바덴식 획벌작업'에 의하여 조성된 '복층혼효림'이 있다.

독일에서 독일가문비 인공림은 풍토와 생육에 적합한 데에서는 아름다운 산림이 조성되었기 때문에 예전에는 임업인들이 이상적인 산림이라고 여겼다. 그러나 요즈음에는 '자연상태에 가깝고, 입지에 알맞으며, 건강하고, 시업이 안전하며, 수확이 풍부한 산림'인 복층 혼효림이 임업인들 사이에서 이상적인 산림으로 보는 시각이 확산되어 독일가문비 인공일제림에 대한 평가는 저하되어 있다. 일본에서는 아직도 삼나무일제림을 높이 평가하는 임업인들이 있는데, 시대가 바뀌면 복층 혼효림에 대하여 높은 평가를 내리게 될까.

40년에서 60년의 기간이 필요

바덴식 획벌작업은 다음과 같은 과정으로 *갱신이 이루어진다.

*양수는 밝은 데를 특히 선호하여 다른 나무의 그늘에서는 생육할 수 없는 나무(예 : 소나무, 낙엽송 등)이며, 음수는 어둠에 견딜 수 있는 나무(예 : 너도밤나무, 전나무, 나한백 등)를 말함.

*천근성 수종은 땅속 얕게 뿌리를 뻗는 나무이며, 심근성 수종이란 땅속 깊이 뿌리를 뻗는 나무임.

*갱신 : 산림이 벌채 혹은 자연재해에 의해 없어졌을 경우, 없어진 부분에 산림이 새로 조성되는 것을 말함.

사진 Ⅶ-1 남슈바르츠발트의 '복층 혼효림'

우선 *천연갱신을 유도하기 위하여 약간만 벌채하여 임목 사이에 공간을 만든다. 이러한 벌채를 '예비벌(豫備伐)'이라고 부른다. 이 예비벌로 인하여 그 이전까지 빽빽한 수관에 의하여 햇빛이 차단되어 있던 임지에 햇빛이 들이비치게 된다. 이렇게 되면 낙엽 같은 지피물이 분해되어 어린 나무가 나는 데 적합한 조건이 만들어진다. 이 단계에서 어두움에 견딜 수 있는 전나무의 어린 나무가 나는 수도 있다.

그 다음 단계로서, 어린 나무를 발생시키기 위한 벌채를 하는데, 이 벌채를 '하종벌(下種伐)'이라고 한다. 상트·메르겐에서 전나무는 3년 간격으로 종자의 결실이 좋고, 가문비는 6년마다, 너도밤나무는 10년마다 종자가 많이 달리므로, 이러한 점을 감안

*임목에서 저절로 떨어진 종자에서 발생한 어린 나무에 의하여 다음 세대의 산림이 조성되는 것을 천연갱신이라고 함.

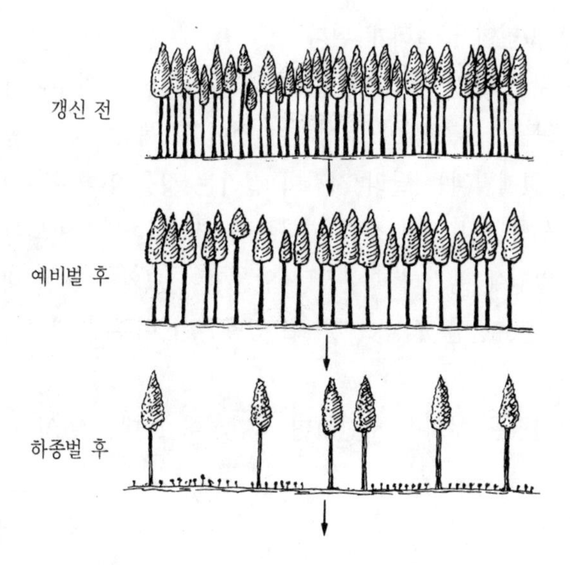

그림 Ⅶ-5 바덴식 획벌작업의 진행 모식도. 갱신 전에는 빽빽하였던 임관(林冠)을 '예비벌'에 의해 소개시켜 햇빛이 지면에 들어오도록 함. 얼마 지나지 않아 어린 전나무가 나게 됨. '하종벌'을 하면 전나무, 너도밤나무, 독일가문비의 어린 나무가 발생하여 지면전체를 어린 나무가 덮게 되며, 갱신이 끝나면 최종적으로 '종벌'을 실시함.

하여 전나무, 너도밤나무, 그리고 가문비나무 순서로 천연갱신이 이루어지도록 하는 방법을 강구하고 있다.

그후 새로 난 어린 나무가 성장하여 하나의 독립된 개체로 되면, 남아 있던 큰 나무 전부를 벌채한다. 이 벌채를 '종벌(終伐)'이라고 한다.

바덴식 획벌작업에서는 이와 같이 예비벌에서 종벌까지 오랜기간에 걸쳐 갱신을 하여 가는데, 이 기간을 '갱신기간'이라고 부르며 40~60년이나 걸리게 된다.

이와 같이 오랜 갱신기간을 거쳐 천연갱신이 이루어지게 되며 비로소 '복층 혼효림'이 조성되는 것이다. 복층 혼효림을 조성하는 데는 일제림과는 달리 시간이 걸리는 것을 잊어서는 안된다.

그만큼 참을성 있게 산림을 다루어 가지 않으면 안되는 것인데 눈앞의 일밖에 생각하지 못하는 일본인이 그와 같은 인내를 해가며 복층 혼효림을 만들어 갈 수 있을는지 여부에 대해서는 걱정이 된다.

역시 산림은 문화적 소산이며 국민성이 그대로 반영되는 것 같은 생각이 든다.

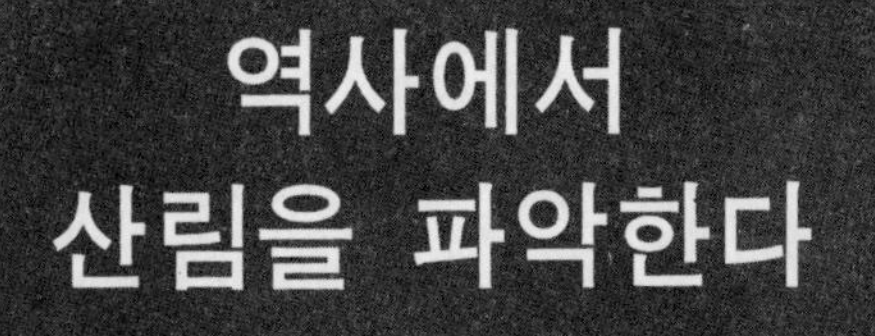

역사에서 산림을 파악한다

VIII

산림의 역사는 파괴와 재생의 역사이다. 산림은 수많은 자연재해나 문명의 발달에 따라 항상 압박을 받거나 파괴되어 왔다. 오늘의 산림은, "인간과 자연과의 투쟁을 이야기해 주며, 나무와 인간의 협력의 역사를 이야기해 주는" 존재이다. 일본과 서유럽 여러 나라 역사의 자취를 더듬어 가면서, 문명과 산림이 상충 혹은 공존해 온 발자취를 적어 본다. 역사의 교훈을 통하여 인류공통의 재산을 앞으로 살려 나갈 수 있는 길을 모색해 본다.

1. 산림이 걸어온 길

진화사 속의 산림

산림의 역사는 실로 웅대하다.

지구상에서 육지에 식물이 처음으로 상륙한 것은 약 4억 년 전이라고 한다. 그후 기나긴 세월이 흐르는 가운데, 식물은 진화의 길을 걸어 현재와 같은 숲의 모습을 이루게 되었다. 그 긴 세월 동안 지구는 기온이나 습도 등 기후조건의 변화가 많았는데, 산림은 이에 대응해 가면서 그 모습을 바꾸어 왔다. 즉 예부터 지금과 같은 산림의 모습이 그대로 유지되어 온 것은 아니며, 대단히 드라마틱한 변천을 해왔을 것으로 생각되는 산림의 역사를 정확하게 거슬러 올라가는 것은 어렵지만, '꽃가루[花紛] 분석'이라는 방법에 의해 어느 정도까지는 알 수가 있다.

꽃가루는 식물의 종류마다 고유한 형태를 하고 있으며, 그 바깥 벽은 상당히 강한 물질로 이루어져 있기 때문에, 이탄(泥炭) 지대와 같은 곳에 떨어진 꽃가루는 썩지 않고 원형을 그대로 유지하게 된다. 그러므로 이탄지대의 토양에 퇴적된 과거의 꽃가루를 채취하여 현미경으로 보면 그 꽃가루가 어떤 식물의 것인가를 추정할 수 있으며, 또한 그 토양이 퇴적한 시대에 어떠한 식물이 어느 정도 자라고 있었는가를 알 수 있다.

꽃가루 분석에 의해 세계의 산림역사가 하나씩 밝혀져 왔다. 여기에서는 환경고고학자인 야스타(安田義憲) 씨가 작성한 과거 3만 년간 일본열도의 산림역사를 보여주는 고대식생도(古代植生圖)를 인용하면 그림 Ⅷ-1, Ⅷ-2와 같다.

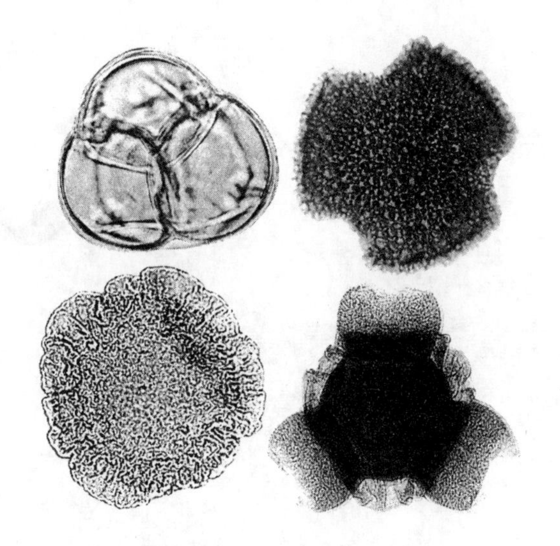

사진 Ⅷ-1 식물의 꽃가루

이들 그림에 의하면, 최종 빙하기인 한랭기에 접어들었을 때부터 일본열도의 산림은 아한대(亞寒帶) 침엽수림에 의해 점유되었으나, 그후 기후의 온난화와 함께 아한대 침엽수림에서 낙엽활엽수림 시대로 이행되었으며 그 생육지가 확대되어 갔다. 그후 기후의 온난화가 더욱 진행되어 일본 남서부에 상록활엽수림이 분포하게 되었으며 그 상태가 현재에까지 이르러 온 것이다. 이와 같이 자연조건의 변천에 따라 산림이 변화해 온 것이 '산림의 역사'이므로 "인간과 자연의 투쟁을 이야기해 주며, 나무와 인간과의 협력의 역사를 이야기해 준다."는 측면에서 산림의 역사를 검토해 보고자 한다.

그림 Ⅷ-1 과거 3만 년간의 일본열도의 식생도와 지도. 맨 윗그림은 2만 년 전경의 최종 빙하기인 한랭기, 가운데는 9000년 전경 승문(繩文) 시대의 전기(前期), 아래 그림은 3000년 전경의 승문 시대 말기(야스타 지음, 『환경 고고학사시(事始)』, 일본방송출판협회).

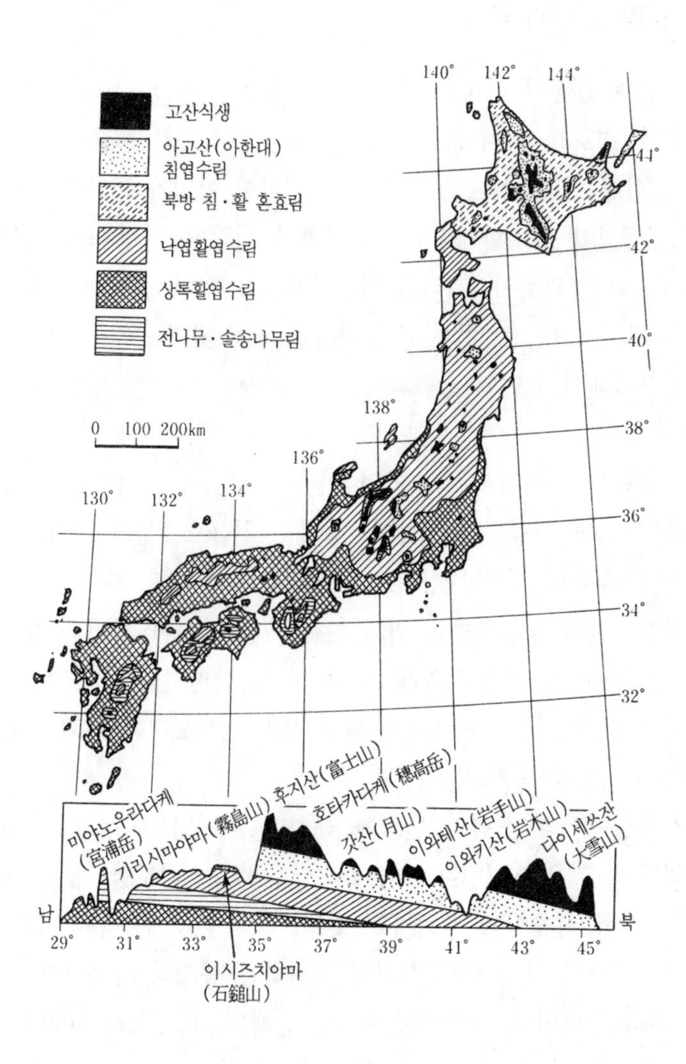

그림 Ⅷ-2 일본열도의 수평산림대와 수직산림대의 분포(야스타 지음, 『환경고고학사시』, 일본방송출판협회)

파괴와 재생의 역사

산림과 인간의 관계는 일본이나 서유럽 여러 나라에서도 거의 비슷한 경로를 거쳐왔다. 일반적으로 '풍요로운 산림으로 덮여 있던 시대', '농업이나 목축업 등을 위하여 임지가 개간되었던 시대', '공업이 발전함에 따라 현저하게 산림이 벌채·파괴되었던 시대', 그 결과로서 '재해가 빈번하게 발생하여 산림의 보호·육성이 강조되었던 시대'와 같은 과정을 거쳐 왔다.

서유럽에서 있었던 산림의 파괴와 재생의 역사는 실로 대단한 것이었다.

서유럽도 문명이 시작되었던 시대는 전지역이 울창한 산림에 의해 두텁게 뒤덮여 있었으며, 농업은 지금으로부터 약 5천 년 전경에 극히 원시적인 형태로 시작되었던 듯하다. 당시, 문명의 출발점이었던 농업활동을 위해 산림에 불을 놓아 경지를 확보하는 등 무자비한 산림파괴가 이루어졌다. 한편 문명이 점차로 발달하여 인류가 철을 이용하게 됨에 따라 철제도끼에 의해 산림의 벌채는 더욱 가속화되었다.

서유럽에서의 산림의 변화에 대하여 이시타(石田正次) 씨는 이렇게 적고 있다. '전나무 숲에서 꿀을 따고, 너도밤나무나 참나무 숲에서 사슴이나 멧돼지를 쫓고, 돼지를 키우던 유럽인들의 생활도 인구증가와 함께 한곳에 정착하는 농경과 목축으로 바뀜에 따라 산림의 감소가 지속적으로 진행되었다. 또한 16세기 이후부터는 조선, 제염, 제철과 같은 공업발달에 의해 목재, 땔감의 수요가 급증하였으며, 이에 따라 산림은 치명적인 타격을 입게 된다. 한편 프랑스와 영국 사이에서 일어난 백년전쟁(1337~

1453년)이나, 독일을 중심으로 한 30년전쟁(1618~48년)의 전화에 의한 피해도 간과할 수 없다.

유럽의 산림이 최악의 상태에 달한 것은 18세기 중엽으로, 왕실의 수렵장이나 수도원 등 극히 일부 지역에 겨우 남아 있던 산림은 독일, 프랑스 전 국토의 15% 이하였다고 한다.

산림의 황폐는 주민들의 생활에도 직접적인 영향을 끼쳤기 때문에, 사라져 가는 절박한 위기에 처해 있던 산림을 재생시키고자 하는 주민들의 움직임이 독일을 중심으로 일어났다. 그후 2백년, 이 운동은 꾸준하게 더욱이 과학적으로 실행되어, 현재 독일의 산림은 전 국토의 30%, 프랑스는 25%까지 회복된 것이다 [이시타, 『비교 산림관 유럽에서』, 아사히저널].

농업이 산림을 바꾼다

유럽에 비하여 일본에서는 원시림이 파괴되어도, 그 자리에는 2차림으로서 소나무림이나 잡목림 등으로 회복되므로, 산림을 구성하는 종류는 바뀌어도 그 형태는 유지되어 왔다. 더욱이 논농사를 주업으로 해왔기 때문에 농사를 짓기 위해서는 수원(水源)이나 비료원(肥料源) 등으로서 이와 같은 2차림을 필요로 하였기 때문에 산림은 소중한 것으로 여겨져 왔다. 한편 일본에서는 목축업이 발달하지 않았기 때문에 초지조성을 위한 산림파괴는 그다지 심하지 않았다. 또한 지형이 급하고 험준한 곳이나 깊은 오지의 산림은 벌채를 하려 해도 할 수가 없어 그냥 남아 있게 되었기 때문에, 산림면적의 감소는 눈에 띌 만큼 동적인 것은 아니었다.

이와 같이 일본에서는 산림면적의 감소, 그 자체는 눈에 띌 만한 것은 아니었지만 인위적인 영향은 현저하였는데, 특히 마을 주변 숲의 모습은 큰 변화가 있었다. 그 변화한 모습에 대하여 간략하게 기술하면 다음과 같다.

일본에서는 약 4200년 전에 기타규슈(北九州)에서 원시적이기는 하나 벼농사가 시작되었다고 한다. 긴키(近畿) 지방에서는 약 2400년 전에 벼농사가 시작되었는데, 논에 물을 대기 위하여 강의 물길을 막을 때 목재가 쓰였던 사실이 고고학자들에 의해 확인되었다. 이 즈음부터 점차 산림이 잘려 나가고 농지가 넓혀졌다. 또한 주변의 산림에서 주거용 자재, 땔감, 비료 등이 채취되었다.

인간의 활동범위가 확대되어 감에 따라 산림은 큰 영향을 받게 되었다. 이에 *자연식생은 점차 없어져 갔다. 일본의 산림은 땔감, 건축용재 등과 같은 목재의 벌채나 소, 말의 방목에 의한 인위적인 영향을 받아 인공림이나 *2차림 등으로 바뀌었지만, 그 이상으로 산림에 대하여 인위적인 영향을 크게 미친 것은 농업이었다.

산야(山野)의 잡초나 잡목은 에도 시대의 농업에 없어서는 안 되는 비료와 사료의 중요한 원료였다. 이들 잡초와 우죽은 모내기 직전에 베어내 논바닥에 깔았으며, 또한 잡초는 소나 말의 사료로 쓰거나 축사의 바닥을 까는 데 이용하였다.

*자연식생은 기후 토지조건과 같은 자연요인에 의해 각각의 장소에 적응하며 자란 식생을 말함.

*2차림은 산림이 일단 파괴되면 점차로 식생의 회복이 일어나게 되는데, 그 식생천이의 도중에 있는 산림을 말함.

사진 Ⅷ-2 자연식생이 없어지고 이와 같은 인공림이 늘어왔다. 사진은 대면적에 걸쳐 식재된 낙엽송림.

농업의 생산력을 높이기 위하여 논밭에 깔았던 잡초와 우죽의 양은 대단히 많았다. 매년 다량의 잡초와 우죽을 채취하였으므로 임지는 차츰 척박해졌는데, 일본의 남서부 지역에는 적색토양이나 풍화가 진전된 화강암 지역이 많았기 때문에 소나무림으로 변하였으며, 그 외의 지역은 척박한 토양 위에 생립한 졸참나무나 상수리나무림으로 변했다. 또한 소나무림은 그 하층에 산철쭉이나 노간주나무밖에 나지 않게 되었고, 더욱이 *독나지, *초생지,

*독나지(禿裸地 : 민둥산)는 나무·풀과 같은 식물이 없어지게 되면, 비에 의해 지표토양이 유실되고 바위까지도 드러나는 상태에 이르게 되어 자연회복이 어려운 상태로 된 임지를 말함.

*붕괴지도 늘어나게 되었다. 지금도 교토 부근의 쥬고쿠(中國) 지방을 가보면, 이와 같은 풍경이 눈에 많이 들어 온다.

모습이 사라진 원시림

한편, 에도 시대에 농민들이 공동으로 용재며 땔감이나 잡초를 채취하던 산야는 촌산(村山)·촌지산(村持山)·백성가산(百姓稼山)·입회산(入会山)·야산(野山) 등으로 불렀다. 이 가운데 입회산은 소나무림, 초생지, 헐벗은 독나지로의 이행이 한층 더 빨리 진행되었다. 그 이유는 농업생산 활동을 위해서는 잡목이나 잡초가 필요하였는데, 소유가 확실한 산야에서는 잡목채취나 풀베기가 엄격하게 금지되었던 반면 소유자가 확실하지 않은 입회산에서는 설사 규제가 있다 하더라도 과잉채취가 되는 경향이 많았기 때문이다.

특히 인구가 밀집되어 있으며 경제활동이 왕성하였던 간토(關東) 지방·도카이(東海) 지방·긴키 지방 및 세토나이카이(瀬戸内海) 연안지역의 입회산에서는 산림의 수탈이 극심하였기 때문에 소나무림이나 헐벗은 민둥산이 각지에 출현하게 되었다.

에도 시대에는 *막부(幕府) 또는 각 번(藩)이 직접 관리·경

* 초생지(草生地)는 인간이나 가축의 영향에 의해 나무가 없어지면, 벼과식물을 중심으로 하는 초류가 번성하고, 키가 작은 나무(관목류)가 점점이 산재하는 임지를 말함.
* 붕괴지는 경사면의 토사가 중력에 저항하지 못하고 무너져 내린 곳을 말함.
* 막부:무가(武家) 시대에 장군이 정무를 집행하던 곳.

영하던 산야가 있었는데, 이들을 어산(御山), 어림(御林), 어립산(御立山)이라고 하였다. 산림에서 나무가 용재로서 이용될 만큼 크게 자라는 데는 100년 가까운 세월이 걸리기 때문에 어산과 같은 산에서는 벌채나 잡초·잡목의 채취를 금지하고 용재를 육성하였다. 그 대표적인 것으로 오와리(尾張)번의 기소계곡 편백림과 사다케(佐竹)번의 요네시로가와(米代川) 유역의 삼나무림이 있다.

기소편백림·아키타(秋田)삼나무림은 아오모리(青森)의 나한백림과 함께 현재 일본의 3대 미림으로 높이 평가되고 있다. 또한 오비번(현재의 규슈 미야자키현)에서는 2부 1산(번 소유의 산에 지역주민이 조림하고, 수익을 번과 지역주민이 반반씩 나누어 가짐), 나중에는 3부 1산(번과 조림자가 1대 2의 비율로 벌채 수익을 나누어 가짐)이라는 제도를 만들어, 지역주민과 협력하여 삼나무림 조성을 추진하였다.

개인이 소유하고 있는 산림에서도 용재를 육성하였다. 특히 기이(紀伊)반도나 교토의 기타야마(北山) 등지에서는 지리적(地利的)인 이점이 있어 아름다운 삼나무와 편백 인공림이 조성되었다. 그곳에서의 산림육성기술이 극히 고도의 기술 수준이었다는 것에 대해서는 앞에서 이미 기술한 바 있다. 이와 같이 메이지 시대에 이르기까지 오지의 심산을 뺀 거의 모든 산림은 용재육성을 위한 인공림, 땔감 채취를 위한 2차림과 초생지, 민둥산 등으로 변해 버려, 본래의 모습인 원시림의 상황은 추측하는 수밖에 없다.

인공림 왕국, 그리고 산촌 붕괴

메이지 시대에 들어서고 나서 산업발달과 함께 목재수요가 늘어났으며, 더욱이 간토 지방의 대지진으로 목재의 수요가 급격히 증대됨에 따라 나무를 심고자 하는 열기가 전국적으로 확산되었는데, 그 결과 전국 각지에 용재를 생산하기 위한 삼나무 인공림이나 편백 인공림이 조성되었다. 더욱이 제2차 세계대전 때와 전후의 부흥기에 목재수요가 급증하여 산림이 과도하게 벌채됨에 따라 손이 미치지 못하여 조림되지 못하고 벌채된 채 방치되는 임지가 늘었다. 또한 당시에는 큰 태풍이 자주 내습하여 전국 각지에서 큰 수해가 빈발하였으며, 피해복구에 발맞춰 "산을 푸르게" 하자는 기운이 크게 일었다. 예를 들면, 1953년 나가노현 녹화연맹은 라디오 광고에

"나가노현에는 3만 4천 정보의 민둥산과 2만 5천 정보의 무너져 내린 산이 있습니다. 이 산들은 비가 올 적마다 토사가 밀려내려와 엄청난 피해를 입고 있습니다. 전쟁 중에 나무를 함부로 베어낸 상처가 아직 아물지 않았습니다. 여러분, 산에 나무를 심읍시다."

라고 나무심기를 호소하였는데, 이 광고는 그 당시 청취자들의 큰 호응을 얻었다. 이에 따라 녹화운동이 적극적으로 추진되었으며 용재생산을 함과 동시에 국토보전의 목적도 달성하기 위하여 삼나무, 편백, 낙엽송 등의 인공림이 적극적으로 조성되었다.

더욱이, 목재의 생산력 증강정책이 잇따라 수립되었는데, 특히 1960년대에는 목재가격도 크게 올라 *'확대조림'이 적극 추진되었다. 그 결과 일본의 인공림은 무려 1,000만ha로서 전 산림면적

에 대한 인공림의 면적비율(인공림률)은 40%에 달해, 세계에서도 최상위권의 인공림국이 되었다.

'확대조림'기에는 경제효율이 높다고 판단되었던 삼나무나 편백, 낙엽송 등을 많이 심었는데, 이 때문에 졸참나무나 너도밤나무림과 같은 낙엽활엽수림은 급속하게 모습을 감추고 말았다. 또한 경제가 고도성장을 하면서 도시와 산촌간의 경제적 격차가 커짐에 따라, 산촌 사람들은 도시생활을 좇아 마을을 떠났으며, 긴 세월에 걸쳐 산림과 인간의 순환계를 유지해 왔던 산촌문화는 붕괴의 길로 들어서게 되었다.

그러나 1970년대에 들어 생활환경의 악화가 국민생활을 위협하게 됨에 따라, 경제우선주의에 대한 비판과 반대운동이 분출되었다. 더욱이 도시에 사는 사람들의 산림에 대한 관심도 높아져, '대면적 개벌'로 대변되는 '목재생산 제일주의'를 부정하고, 남아 있는 귀중한 자연인 '산림을 보전' 하는 운동이 전개되었으며 '임업과 자연보호', '산촌주민과 도시주민'이 서로 상충된 적대관계로 간주될 만큼 첨예하게 대립하게 되었다.

이제부터 산림이 나아가야 할 길은 지금까지 걸어 온 길과는 전혀 다른 것이어야 한다. 산림의 역사가 좋은 방향으로 나아가도록 하기 위하여 현대에 살고 있는 우리들이 해야 할 책임은 대단히 크다.

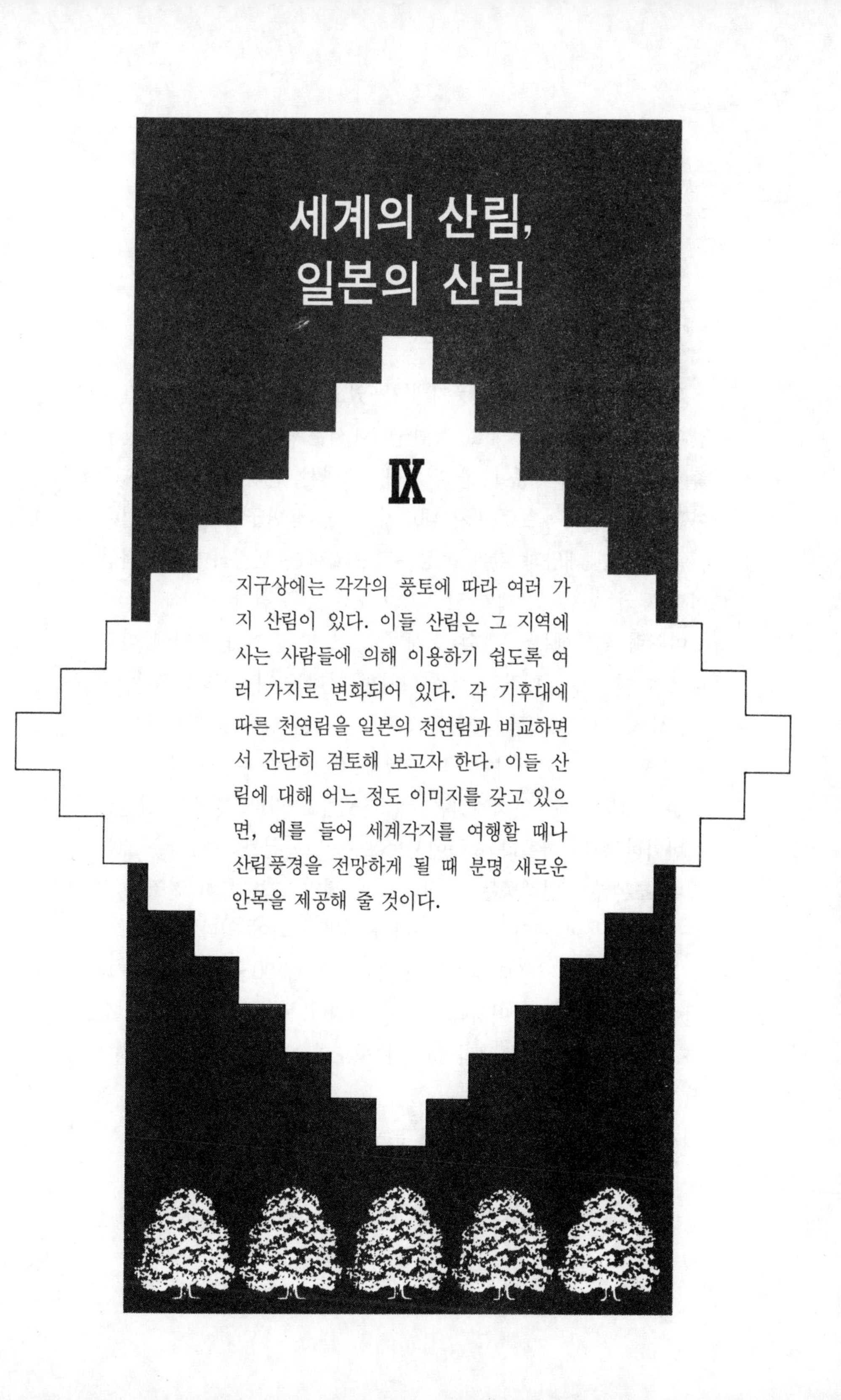

세계의 산림, 일본의 산림

IX

지구상에는 각각의 풍토에 따라 여러 가지 산림이 있다. 이들 산림은 그 지역에 사는 사람들에 의해 이용하기 쉽도록 여러 가지로 변화되어 있다. 각 기후대에 따른 천연림을 일본의 천연림과 비교하면서 간단히 검토해 보고자 한다. 이들 산림에 대해 어느 정도 이미지를 갖고 있으면, 예를 들어 세계각지를 여행할 때나 산림풍경을 전망하게 될 때 분명 새로운 안목을 제공해 줄 것이다.

1. 열대림

일상생활과 관계 깊은 열대산 목재

적도 부근에는 '적도무풍지대'가 있고 그곳에는 바람이 거의 없다. 그곳을 가운데 두고 북반구측에서는 북동무역풍이 남반구측에서는 남동무역풍이 불고 있다. 그래서 열대전선(熱帶前線)이 생기고 국지적으로 비가 내리기 쉽다. 북반구에서 이 전선은 여름이 되면 태양과 같이 북상하고 겨울에는 남하하며, 이 전선이 정체되는 곳은 우계가 되고 벗어나는 곳은 건계가 된다.

이처럼 열대에는 우계와 건계가 있고 그 길이가 지역에 따라 다르기 때문에 열대림은 더욱 다양한 형태를 나타낸다. 아마존·인도네시아·콩고처럼 건계가 짧은 곳에서는 상록의 '열대다우림'이 분포하고, 동남아시아처럼 건계가 긴 곳에서는 건계에 낙엽이 지는 '열대우록림(열대계절림)'이 분포하고 있다. 건계가 일년의 절반이나 되는 아프리카 등에서는 드문드문 분포하는 작은 교목 밑에 초본류가 밀생하는 '사바나림'이 되며 그중 특히 건조가 심한 곳은 수목이 거의 없는 사바나나 사막이 되어 있다.

적도를 따라 지구를 둘러싸고 있는 폭 1,500~2,500km의 대산림대에 접하여 긴 띠처럼 건조한 평원이나 사막이 이어지고 있다. 지구를 둘러싼 녹색의 대지와 불모의 대지가 명확하게 평행하고 있는 것을 보면 자연의 불가사이를 느끼게 된다. 그외에 열대지방의 해안에는 망그로브가 분포하고 있다.

우리들의 생활과 열대산 목재와는 아주 깊은 관계가 있다.

열대다우림에서 산출된 라왕재는 가구·주택의 내장합판 등으로 우리들 주위에서 쉽게 볼 수 있다. 또한 오래 전부터 귀중재로 불단이나 고급가구 등으로 사용되어 온 흑단·자단·백단·마호가니·티크 등도 열대산의 목재이다. 야자나무는 예부터 친숙한 야자기름이나 야자열매 활성탄으로 우리들 생활에 더욱 깊이 관련되어 있고 바나나를 비롯하여 아보카도·망고·파파이아 등의 열대산 과일도 친숙한 산물들이다.

나무 종류가 풍부한 열대다우림

기온의 연교차가 적으며 연중 온난하고 강수량이 많은 습윤한 열대기후로서 발달된 상록활엽수가 중심이 되어 있는 산림이 '열대다우림'이다.

열대다우림에서는 교목층의 수목이 일제히 낙엽이 지는 일은 없고 또한 각각의 수목이 자신의 잎을 전부 떨구는 일도 없다. 수종마다 여러 형태로 계절에 따라 잎을 바꾸고 있어 산림 전체는 언제나 녹색을 보인다. 그 위를 나는 비행기의 창에서 보면 산림의 *임관이 커다란 물결처럼 보이고, 그 가운데 높이 50m 이상의 거목이 불쑥불쑥 솟아있는 것을 볼 수 있다.

열대다우림은 식물 생육에 좋은 환경을 갖기 때문에 여러 가지 식물이 여러 가지 수령과 높이를 갖는 다층 구조를 보이고 있어, 비슷한 수고의 수목에 의해 임관이 일정해 지는 '일제림'은 나타나지 않는다. 따라서 상상할 수 있는 온갖 녹색이 서로 연관되어 화려한 색채의 변화를 보이고 있다.

열대다우림은 구성식물의 종류가 대단히 많고 그 대부분이 목

* 산림에서 모든 수목의 수관을 총합하여 임관이라고 한다.

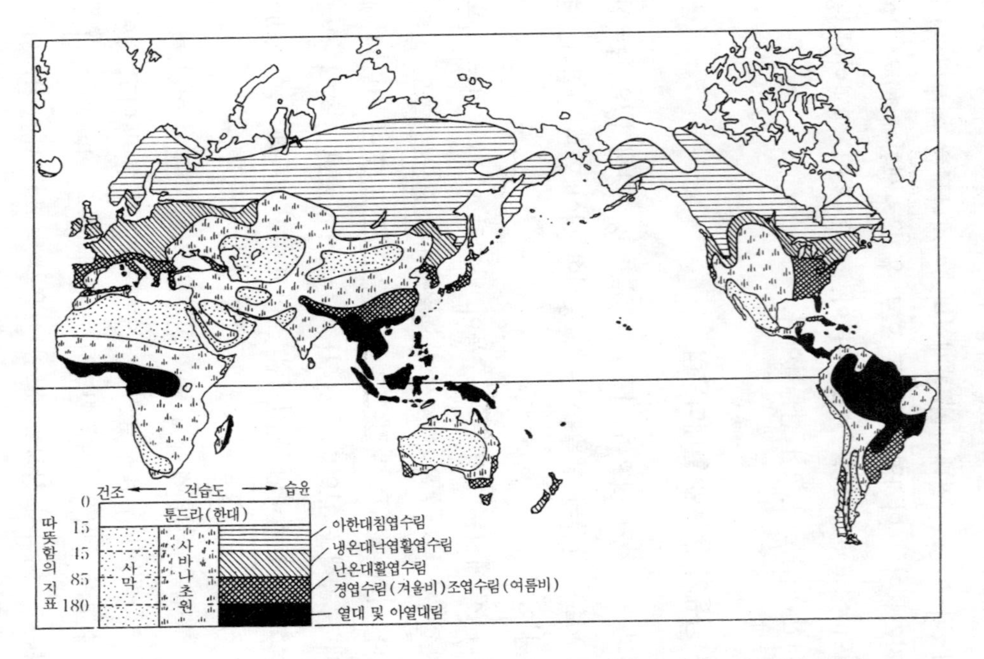

그림 Ⅸ-1 세계의 산림분포[기라(吉良龍夫),「생태학에서 본 자연」, 가와데서방신사

사진 Ⅸ-1 빠른 속도로 진행되는 열대다우림의 개발(교도통신 제공)

본식물이다. 따라서 목본식물만으로 1ha에 100종을 넘는 것이 신기한 일이 아니다. 열대다우림의 수간은 일반적으로 가늘고 통직하며 수관은 수고에 비해 작다. 그리고 수간의 밑부분이 넓고 평평한 판상근(板狀根)을 갖는 수목이나 문어의 다리처럼 지주근(支柱根)을 내고 있는 수목이 있는 등 특수한 형태의 수목도 적지 않다. 또한 임내가 어둡고 습도가 극히 높아 덩굴식물이나 착생식물도 많이 보인다.

열대다우림이라고 하면 임내가 약간 어두울 정도로 수목이 무성하며, 덩굴식물이 복잡하게 얽켜 맹수나 독사가 있는 정글의 이미지가 강하지만 여러 가지 수목과 온갖 덩굴식물이 햇빛을 받으려 상부로 상부로 경쟁적으로 생장하기 때문에 *임상식물(林

*임지에서 낮은 높이로 생육하고 있는 식물군을 임상식물이라 한다.

床植物)은 오히려 적어 임내를 걷기는 쉽다.

열대다우림은 적도를 중심으로 남북위 10도의 폭으로 지구를 감고 있으며, 지역에 따라서는 남북위 25도까지도 존재한다.

세계 최대의 열대다우림 지역은 남아메리카의 아마존강 유역이다. 또한 아프리카의 콩고강 유역에서부터 카메룬에 걸쳐 분포하며, 동남아시아의 인도 서부에서 인도네시아를 지나 오스트레일리아의 동부에 있는 섬들도 열대다우림 지역에 속한다.

관수(冠水) 환경에 적응하고 있는 망그로브

망그로브는 열대의 바닷물 또는 약한 짠물이 들어오는 갯벌에 성립하는 산림으로 그 분포는 규슈 남쪽의 이브스키(指宿)까지 다다르고 있다.

세계에는 약 90종의 망그로브 식물이 있다고 하는데 그 대부분은 인도에서 말레이시아 반도를 걸쳐 뉴기니에 이르는 지역에 분포하고 있다. 망그로브림은 해안을 따라 띠를 이루고 있는 것이 큰 특징으로 띠의 폭은 수백m에서 20km에 달하는 곳도 있다. 지구상에 있는 망그로브의 총면적을 산정하는 것은 대단히 어려운 일이지만 약 300만ha로 추정하고 있다.

망그로브는 정기적 관수라고 하는 특수한 토양조건에서 생육하고 있기 때문에 망그로브림을 구성하는 식물에는 지주근이나 *호흡근(呼吸根)을 갖고 있는 것이 많다. 또한 홍수(紅樹)처럼 가늘고

*호흡근은 망그로브림이나 습지식물에서 볼 수 있는 특수한 형태의 뿌리로 호흡에 필요한 가스의 교환·수송·저장이 용이한 구조로 되어 있으며 일반적으로 연질(軟質)·다공성(多孔性)이다.

사진 Ⅸ-2 독특한 경관을 보이는 망그로브림

긴 종자가 모주에서 이탈되기 전에 발아를 시작하여 도중에 일단 성장을 멈춘 뒤 바닷물이나 약한 짠물에 낙하하여 뜬 상태로 산포되는 태생종자(胎生種子)를 갖고 있는 것도 있다. 이 태생종자 중에 착지에 성공한 것은 하반부가 지중에 묻히게 되어 어린 뿌리가 빛에 노출되지 않게 되면 재차 생장을 시작, 어린 식물이 되어 간다. 이처럼 망그로브림을 구성하는 식물에는 물에 가라앉은 상태에서 생장이 가능하도록 적응되어 있는 것이 대부분이다.

건계(乾季)가 창조한 열대우록림

열대우록림은 열대지역에서 건계가 분명히 구분되는 지역에 성립하고 있다.

열대우록림을 구성하고 있는 식물의 종류수는 열대다우림에 비교하면 적지만 임상 초본의 종류수는 반대로 많다. 임관의 높이는 열대다우림에 비하여 약간 낮고 산림의 계층구조도 상당히 단순하다.

열대우록림은 건계에는 낙엽이 지고 임상의 초본도 고사되기 때문에 임내가 잘 들여다 보인다. 또한 건계에는 수목의 생육이 정지하기 때문에 열대다우림의 수목에서는 연륜을 볼 수 없었지만 열대우록림을 구성하고 있는 수목에서는 연륜을 볼 수 있다.

열대우록림의 전형적인 것으로 미얀마의 티크천연림이 있다. 티크는 강우량이 많고 4～5개월간의 명확한 건계가 있는 지역에서 좋은 생장을 보인다. 티크천연림의 상층목은 건계에 낙엽이 지지만 하층식물의 일부는 상록식물도 있다. 이러한 티크천연림의 면적은 그리 넓지 않으나 티크재의 뛰어난 성질은 세계적으로 인정받고 있으며 목재무역의 측면에서 중요한 존재가 되고 있다.

2. 난대림

일본의 산림은 대부분이 난대림

일년을 통하여 극도의 고온이나 건계가 없는 곳이 난대로 위도적으로는 열대와 온대의 사이에 있으며 일본의 남서부 대부분이 난대역에 속하고 있다. 단 오키나와는 난대역과 열대역의 중간대인 아열대역에 속하고 있다고 생각하는 것이 좋다.

사진 Ⅸ-3 일본의 조엽수림의 경관

난대역은 일년내내 녹색의 잎을 갖는 활엽수 산림이 지배하는 곳으로 시업을 하지 않고 산림의 생육을 자연에 맡겨 두게 되면 조엽수림(照葉樹林)이나 경엽수림(硬葉樹林)으로 되어 간다. 난대역중에 다습한 곳은 조엽수림으로 발달하며, 하계에 강수량이 적고 건조하며 동계에도 심한 저온이 없고 강수량이 많은 곳에서는 경엽수림으로 발달한다.

광택이 나는 잎을 갖는 조엽수림

녹나무과의 식물로 대표되는 산림으로 낙엽수나 침엽수를 혼생시키기도 하나 우점종은 언제나 상록활엽수인 것이 조엽수림이다. 구실잣밤나무·떡갈나무류, 동백나무, 감탕나무 등과 같이 혁질(革質)로 광택이 나는 잎을 갖는 수종으로 구성되어 있어 조

사진 Ⅸ-4 프랑스에서 볼 수 있는 경엽수림

엽(照葉)수림이라고 불리고 있다.

조엽수림에서 생육하고 있는 나무도 옛날부터 인간에 의해 이용되어 왔는데 떡갈나무재는 견고하고 단단하여 유용한 목재로 이용되었고 녹나무는 목재로서 뿐만 아니라 *장뇌(樟腦)의 원료로써도 유용한 것이었다.

'조엽수림'이라는 단어를 알고 있는 사람은 많으나 그것은 '조엽수림 문화'라는 단어가 사회에 넓게 통용되기 때문이지, 실제적으로 산림과의 관련에 의한 이해가 아닌 것으로 생각된다. 그 때문에 일본의 전생수(前生樹), 즉 자연상태로 최초에 있던 산림을 모두 조엽수림으로 오해하고 있는 사람들도 많은 것 같다.

조엽수림은 중국 남부에서부터 일본 열도에 이르는 동아시아에

*장뇌는 녹나무재에 포함되어 있는 백색투명의 결정(結晶)으로 강심작용의 효용이 있다.

주로 분포하고 있다. 일본의 *야생동백나무 지역의 천연림인 구실잣밤나무-후박나무림이나 떡갈나무림 등의 상록 활엽수림은 전형적인 조엽수림이다.

딱딱한 잎을 갖는 경엽수림

크기가 소형이며 두껍고, 혁질로 되어 있어 딱딱하면서 건조에 견딜 수 있는 잎을 갖는 상록활엽수림으로 구성되어 있는 산림을 경엽수림이라 하며 수고는 별로 높지 않아 20m 미만이다.

지중해 연안지방의 코르크나무, 올리브 등이 주종으로 구성되어 있는 산림을 경엽수림의 전형적인 것으로 취급하고 있어 경엽수림을 지중해형 식생이라 부르기도 한다. 경엽수림은 서유럽의 역사나 문학에도 자주 등장하며 올리브 열매를 먹을 수 있다는 것이나 월계수로 월계관을 만든다는 것, 코르크나무에서 병마개 등에 쓰는 코르크를 채취하는 것 등은 잘 알려진 일이다.

그 외에 유카리나무로 대표되는 호주의 경엽수림, 상록떡갈나

*"교목은 내륙에서 가시나무·종가시나무 등의 상록의 떡갈나무류, 해안에서는 구실잣밤나무·후박나무 등이 나타나며, 아교목이나 저목은 야생동백나무·참식나무·식나무·사스레피나무 등의 상록활엽수가 나타난다. 임상(林床)은 마삭줄·맥문동 등이나 족제비고사리·홍지네고사리 등의 삼류(杉類)에 의해 특징 지어지는 자연식생을 야생동백나무류라 하며, 그 생육영역을 야생동백나무류 지역이라고 한다. 숲의 가장자리에는 칡·개머루·환삼덩쿨 등이 생육하며 2차림으로는 상수리나무·졸참나무·개서어나무 등의 하록활엽수이나 죽순대·왕대림의 생육이 현저하며 재배종으로는 차나무가 그 대표적인 것이다." [미야와키(宮脇昭) 편, 『일본의 식생』]

무류로 대표되는 캘리포니아 등의 경엽수림이 난대에 분포하고 있다. 또한 일본의 중부 지방이나 시코쿠 지방의 연해대에 분포하고 있는 졸가시나무림도 경엽수림으로 취급되고 있으며, 목탄원료 중 최고 품질의 것으로 인정받고 있다.

3. 온대림

사계의 변화가 풍부한 경관

지구상에서 기후가 가장 온화하고 춘하추동 사계의 변화가 분명한 곳이 온대이다.

대서양으로부터 편서풍을 받는 프랑스와 독일 일대는 온대에 속하며 한여름에도 덥지 않고 겨울에도 하천이 동결하는 일은 거의 없다. 이 지대는 서리의 피해나 가뭄의 피해 등 기상에 의한 재해가 적기 때문에 일찍부터 농업이 발달하였으며 나아가서는 근대문명 전개의 중심이 되어 많은 사람들이 살았고 현재 세계를 지배하고 있는 서유럽문명의 중심지역이 되어 있다.

북아메리카에서는 캐나다의 남동부에서 오대호 부근에 이르기까지 또한 뉴잉글랜드에서 애팔래치아 산맥에 이르기까지의 일대가 온대에 속하고 콜럼버스의 아메리카 대륙 발견 이후 유럽의 농경기술이 도입되어 아메리카 문명의 기초를 창출한 지역이다.

일본의 온대지역은 일본국토 북동부의 대부분과, 규슈에서 긴키 지방까지의 일본 남서부에서는 표고 약 1,000m 이상의 산지가 온대지역이다.

겨울에 낙엽이 지는 하록활엽수림

온대지역은 여름철에는 잎이 있지만 겨울에는 낙엽이 지는 너도밤나무, 참나무, 떡갈나무, 상수리나무, 밤나무 등의 하록활엽수류가 주요 구성종인 '하록활엽수림(夏綠闊葉樹林, 낙엽활엽수림)'이 지배하고 있다. 세계의 산림대를 보면 이 하록활엽수림대는 열대림대·북방침엽수림대에 이어서 세번째로 넓다.

일본의 전형적인 하록활엽수림으로는 *너도밤나무클래스역의 천연림인 혼슈의 너도밤나무림과 홋카이도의 물참나무림을 들 수 있으며 너도밤나무나 물참나무는 가구재로서 유용하다.

일본의 너도밤나무림은 산지에 생육하고 있으며 다층구조를 이루고 있어 여러 가지 종류의 수목이 공존하고 있다. 특히 주목해야 할 것은 임상의 대부분이 조릿대류에 의해 덮여 있다는 것이다. 이에 비해 유럽이나 북아메리카의 너도밤나무림은 평지에 생육하고 있으며 수고가 비슷한 일제림형을 나타내며 임상에 나타나는 식물의 종류와 양이 적어 보기에 아름다운 산림을 이루고 있다.

*"물참나무·너도밤나무·떡갈나무·굴피나무·칠엽수·고로쇠나무·참피나무 등의 하록활엽수에 의해 특징 지어지는 자연식생을 너도밤나무클래스라 부르며 그 생육지역을 너도밤나무클래스역으로 지칭하고 있다."(미야와키 편, 『일본의 식생』)

4. 아한대림

산림한계와 경계지역

아한대의 강수량은 일년을 통하여 거의 균등하지만 기온의 연교차는 대단히 크다. 식물이 활동하는 3~5개월간의 기온은 10~20도이지만 겨울에는 영하 20~30도에 달하기도 한다.

북반구의 북극을 둘러쌓고 있는 아한대지역에는 '북방침엽수림'이 분포하고 있지만 남반구에는 아한대림이 존재하지 않는다. 북방침엽수림의 약 2/3는 영구동결토양에서 생육하고 있다. 아한대의 '타이가'라고 불리며 하나의 거대한 군락으로 생육하고 있는 상록침엽수 대산림은 극지에 가까워질수록 그 군락의 크기가 작아져 바다의 섬과 같은 형태로 생육하고 있고, 그 사이를 메우듯이 생육하고 있는 것이 낙엽침엽수의 낙엽송이나 낙엽활엽수인 자작나무류 등이다. 그리고 아시아대륙 동부에서는 눈잣나무를 볼 수 있다.

이 지역보다 더욱 북으로 가면 저온 때문에 산림은 불가능해진다. 이 산림의 최선단을 연결하는 선을 '산림한계'라고 하며, 이와 같은 현상은 표고가 높은 곳에서도 볼 수 있어 일본의 홋카이도나 중부 지방의 고산지대에서는 아한대림이 아고산대림으로서 출현하며 그 상부에서 눈잣나무지대나 산림한계를 볼 수 있다.

임업적 가치가 높은 북방침엽수림

북방침엽수림은 산림을 구성하는 수목의 종류가 극히 적고 약 20~25m 높이의 침엽수가 밀생하여 생육하고 있다. 그 때문에 수종이나 재질이 치밀한 점에서 목재이용에 유리하고 임업적 가치도 높다.

북방침엽수림은 기후가 불순한 북쪽 지역이나 고산지대에 생육하고 있어 지금까지는 인간이 쉽게 가까이 갈 수 없었다. 그러나 최근에는 개발이 적극적으로 추진되어 목재 공급기지로서의 역할이 높아지고 있다.

일본에서는 홋카이도의 산지나 일본 알프스의 산지 등에서 볼 수 있는 한지성(寒地性)의 상록침엽수가 '북방침엽수림'이다. 북방침엽수림은 유럽대륙이나 아시아대륙 또는 북아메리카대륙 등 북반구의 고산이나 북방의 한지(寒地)에 넓게 분포하고 있는 대단히 큰 식생대로 남북의 폭이 평균 1500km에 이를 정도로 광대하다.

북방침엽수림은 단순함과 획일성이 커다란 특징이 되고 있다. 교목의 종류는 기껏 2~3종으로 많아도 5종을 넘지 않으며 더욱이 그것들은 모두 비슷한 형을 하고 있다. 또한 임상의 식생도 단조로워 이끼류, 지의류, 양치류 등과 같은 식물이 그 대부분을 차지하고 있다.

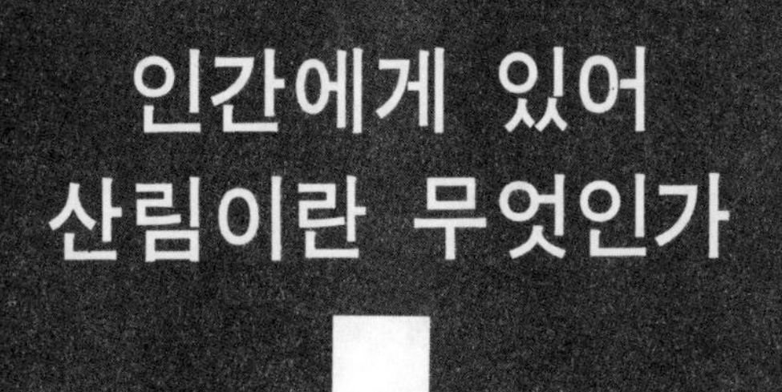

인간에게 있어 산림이란 무엇인가

X

산림이라는 존재는 인간에게 어떤 의미가 있는 것일까? 단순히 인간에게 '유익하다'라는 생각만 가지고 산림을 대해도 되는 것일까. 효용만으로 산림을 생각해서는 안되며, 그 효용의 근원인 생명활동으로서—광합성, 생육, 갱신, 분해 그리고 토양생성과 같은 것에 더욱 주목해야 한다고 생각한다. '산림의 위기'는 이와 같은 산림의 생명활동이 위기에 처해 있음을 의미하며, 이는 동시에 인류의 위기를 시사하는 것이기도 하기 때문이다.

1. 산림과 어떤 관계를 가질 것인가

사람은 산림과 함께 살아왔다

일찍이 일본에서 산림은 노동의 장소로서 활용됐을 뿐만 아니라 일상생활에도 깊은 관계를 갖고 있었다.

예를 들면 나가노현 이나시 하안단구(河岸段丘)의 북쪽사면 산록부에는 삼나무나 편백이 조림되고, 남쪽사면이나 단구면(段丘面)에는 졸참나무 신탄림이나 천연생 소나무림이 유지되고 있으며, 붕괴하기 쉬운 경사지에는 느티나무림이 보존되어 왔다. 이들 마을산의 삼나무·편백림이나 소나무·느티나무림에서 벌채된 목재는 건물이나 다리를 세우는 데 이용되어 왔으며, 졸참나무림은 장작이나 숯으로 이용되었고, 소나무림에서 채취된 죽은 가지나 낙엽 등은 가정용 연료로 이용되어 왔다.

또한 졸참나무림이나 소나무림 등에서 채취된 낙엽이나 풀 등은 농업용 비료나 가축의 사료로 이용되어 왔으며, 그 뿐만 아니라 봄에는 산채를, 가을에는 버섯을 채취할 수 있었고, 어린이들에게는 사계절 언제나 둘도 없는 놀이터였다. 하여튼 산림은 생활의 터전 그 자체였다. 아울러 코마가타케(駒ケ岳)의 깊은 산에는 목공들이 살고 있었으며 동시에 도깨비·산사람·마귀할멈·귀신의 은신처이기도 했다. 뿐만 아니라 신이 거처하는 곳이기도 했으며 산신은 봄에 마을로 내려와 논의 신이 되었다. 텐류천 상류의 *스와(諏訪)에서는 산신은 거대한 기둥을 타고 마을로 내려왔다.

어린 시절부터 산림에서 놀고 그 풍경에 친숙하게 자란 인간에게 있어 산림은 생활에 없어서 안될 존재이며 각각의 생활 속에 선명히 아로새겨져 있다. 당시 사람들에게 있어 산림은 생활·노동·신앙 등 일상생활 전체에 관계되는 넓은 의미를 갖는 것으로 새삼스럽게 '사람에게 있어 산림은 무엇일까'라고 물을 필요도 없는 일이었다.

제2차 세계대전 기간과 그 후의 계속적인 산림의 파괴로 수해가 빈번하게 되자 산림은 인간에게 '수해방지장소'로 생각되어 국토녹화가 적극적으로 추진되게 되었다.

그후 일본은 공업화·도시화의 길을 걷게 되고 '산림이 없어도 생활할 수 있는 사회'로 바뀌어 갔다. 즉 산림에서 농업용 사료나 비료 및 연료를 조달할 필요가 없게 되고 어린이들도 산림에서 놀지 않게 되었다. 깊은 산은 벌채되어 으슥함이 없어지자 도깨비나 신들도 자취를 감추었다. 따라서 인간과 산림의 교류는 생산과 생활이라는 관계점을 상실하게 되었다.

'유용하다'고 하는 관점의 허상

일상생활에서 산림과의 관계는 점점 멀어지게 되고 일반인들의 '산림이탈' 현상이 심화되었다. 따라서 산림을 실리적으로만 보게

*나가노현 스와신사에서는 6년에 한 번씩 호랑이해와 원숭이해의 봄에 거대한 기둥축제가 벌어진다. 야쓰가다케(八ケ岳)에서 거대한 전나무를 신목(神木)으로 벌채하여 대규모의 운반축제를 벌이며 신사로 운반하고, 운반된 신목은 신사 중앙건물의 주위를 둘러싼 형태로 윗 신사와 아래 신사에 각각 4개의 대기둥으로 세워진다. 이 신목을 타고 산에서 산신이 내려오는 것이다.

되고, 산림은 경제적 의미의 '목재만을 생산하는 장소'가 되어 버렸다. 그 결과 임업인만이 소득을 얻기 위하여 산림과 관계하게 되었다. 용재생산을 위하여 '확대조림'이 적극적으로 추진되고 활엽수림이 벌채되었으며 침엽수 인공림의 면적만이 증대 되었다. 그러나 그것이 임업의 내적인 힘을 키우지는 못하여, 산림은 사람들을 끄는 힘을 상실하게 되고 산촌으로부터 젊은 노동력은 유출되어 나갔다. 더욱이 외국의 목재가 다량으로 수입되게 되자 인공림의 경제적 가치는 하락하고 산촌에 사는 사람들의 '임업이탈' 현상이 심화되었으며 방치되는 인공림이 눈에 띄게 되었다.

산촌에 사는 사람들이 산림을 멀리하게 된 즈음 그 대신으로 도시에 사는 사람들이 산림에 관심을 보이기 시작하였다. 야생동물보호, 자연환경보전 등의 관점에서 산림은「유용한」것으로 생각되었기 때문이다. 그리고 이와 같은 '유용하다'라는 관점에서 산림을 보는 경향은 더욱 심화되어 갔다.

산림의 효용이 다양해졌기 때문에 '인간에게 있어 산림은 무엇일까'라는 질문에 돌아오는 답도 다양해졌다. '목재생산을 위해', '자연환경보전을 위해', '야생동물보호를 위해' …… 이들 전부가 정답인 것이다. 그래서 '자연환경보전을 위해서'라는 사람과 '목재생산을 위해서'라는 사람들 사이에는 논쟁이 생기게 되었다.

도시에 사는 사람이 야생동물보호나 자연환경보전 등의 면에서 산림이 중요하니까 산림을 존속시키고자 하는 것이 잘못된 것은 아니다. 그러나 한편으로는 산촌에서 임업을 경영하면서 생활을 영위하기 위해 애를 쓰는 노력에 대해서도 잘 듣지 않으면 안된다. 도시에 사는 사람들은 '산림의 위기'만을 외칠 뿐 현존하고 있는 산림이 누구의 손에 의해 만들어지고 가꾸어져 왔는가에 대해서는 전혀 무관심한 경우가 많다.

또한 산촌을 '뒤처진 지역'으로 이해하고 있어, 그곳에도 오래전부터 가꾸어져 온 전통적인 산촌문화가 존재하고 있다는 것조차도 모르고 있는 것 같다. 따라서 산림보전의 어려움이나 임업으로 생계를 유지하는 게 힘들다고 하는 관점에서만 산림문제를 처리하고 있어 산촌문화를 유지하려는 등의 노력은 전혀 없는 상태이다. 이제부터 도시에 사는 사람은 적극적으로 산촌문화를 접하고 그것을 평가해 가면서 산림의 유지나 관리에 구체적으로 대응해야 할 필요가 있게 될 것이다.

존재 그 자체에 의미가 있다

또한 '쓸모가 있다'라는 것은 일시적인 것임을 역사는 가르쳐 주고 있다. 즉 그것만으로도 붐이 생기고, 이윽고 그 붐은 사라진다. 따라서 이러한 일에 휩싸여 있어서는 산림과 인간의 보다 나은 관계 성립은 불가능할 것으로 생각된다. 때문에 '인간에게 있어 산림은 무엇일까'을 생각할 때 산림의 효용적 관점 위에만 서는 것은 좋지 않다는 것은 산림 본래의 생명활동은 광합성, 생장, 갱신, 분해 그리고 토양생성 등으로 산림의 효용은 이들 산림의 생명활동에 의해 창출되고 그 생명활동이 활발할수록 효용도 커지기 때문에 이들 효용의 근원인 산림의 생명활동 활성화에 눈을 돌려야만 하는 것으로 생각되기 때문이다.

그림 Ⅸ-1에는 '산림의 생명활동'과 '산림의 효용'의 관계가 알기 쉽게 정리되어 있다. 이 도면에 산림의 효용 전부가 나타나 있는 것은 아니고 주요한 것만으로 한정되어 있다. 그렇지만 여

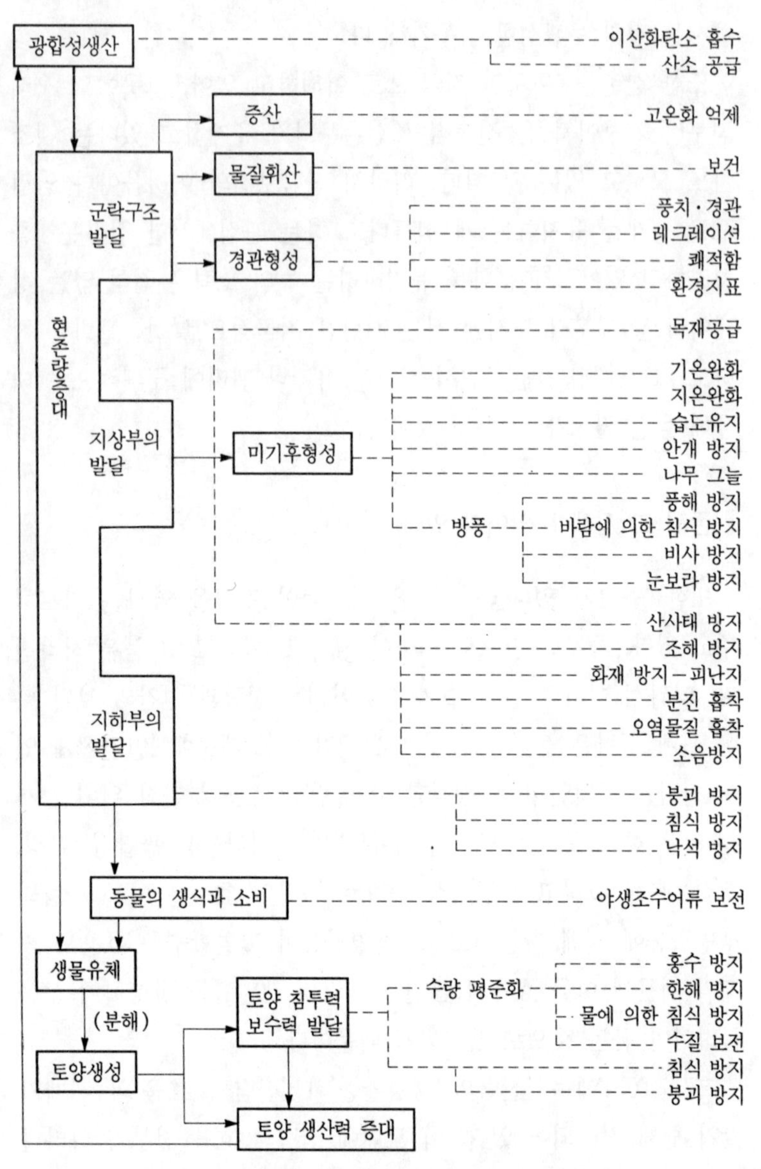

그림 X-1 산림생태계의 활동과 여러 가지 효용의 관계[다다키, 『산림생태계의 움직임』]

러 가지의 효용이 하나의 산림에서 산출되고 있음을 알 수 있다.

이처럼 산림은 복잡한 생명활동을 통하여 생물로서의 인간이 살아갈 수 있는 조건을 여러 측면에서 창출해 주고 있다. 산림의 효용을 설명하고 그런 이유에서 인간에게 산림은 유용하다고 주장하는 사람도 많지만 산림 개개의 효용에 대해서 충분한 실증이 불가능한 면이 많아 그런 입장에서만 산림을 보는 것도 문제의 여지가 있다. 또한 환경의 질을 높이기 위해 산림이 필요하다고 설명하는 사람도 있지만 산림이 그러한 존재만도 아니고 또한 그것은 산림에 대한 과잉기대가 되기 쉽다.

따라서 임학을 공부해 온 사람으로서 분명히 산림이 인간에게 있어 목재를 얻는 장소인 것은 확신할 수 있지만 역시 그것만은 아니라는 생각을 강하게 품게 된다. 하여튼 중요한 것은 산림의 개개적 효용이 아니라 산림 본래의 생명활동이라는 것을 강조해 두고 싶다.

산림의 생명활동에 의해 창출되고 있는 효용에 근거하여 산림이 중요하게 평가되고 있는 현대사회에서 '인간에게 있어 산림은 무엇인가'라는 질문의 대답은 산림의 다양한 효용만으로도 여러 방면에 이르게 되는 것은 당연한 일일 것이다.

현대사회는 컴퓨터사회로 사회 구석구석에 컴퓨터가 도입되어 있다. 컴퓨터는 1일까 0일까의 이진법에 의해 움직이며 컴퓨터에 익숙해져 있는 현대인은 애매한 것이나 불분명한 사고를 싫어하여 백일까 흑일까, 참일까 거짓일까라는 숫자적인 사고력이 강하다. 따라서 이것이든 저것이든 좋다고 하는 사고는 버려지게 되고 이러한 사고방식의 영향으로 다면적 의미를 갖는 산림도 단일적 의미로 이해하는 것에 의해 안심감을 얻으려 하는 것처럼 생각된다.

'인간에게 있어 산림은 무엇일까'에 대한 유일한 답은 존재하지 않는다. 산림은 "인간에게 있어 다양한 의미를 갖는 것"을 정말로 충분히 이해하는 것이 중요하다. 단순한 의미로 산림을 이해하고 있는 사람도 실제로는 산림에 대해 여러 가지 기대를 갖고 있고 다양한 각도에서 접하고 있다고 생각된다. 하여튼 여러 가지 가능성에서 접근할 수 있으며 우리의 응석을 받아주는 산림이 존재한다는 것은 참으로 훌륭한 일이다.

직접체험으로 산림을 안다

산림이 "인간에 있어 다면적인 의미를 갖는 것"이라는 것이 이해될 때까지는 간단히 '인간에게 있어 산림은 무엇일까'에 대한 대답을 내놓지 않는 것이 좋다고 생각한다. 따라서 모든 사람들에게 "인간에게 있어 다면적인 의미를 갖는 것"으로 이해받기 위하여 도시에 사는 사람들에게 산림을 관념적으로 접하는 것이 아니라 체험을 통하여 접할 수 있는 기회를 부여하지 않으면 안된다. 한편 산촌에 사는 사람들에게도 산림이 경제적 가치가 없다고 해서 경멸하지 말고 무엇으로도 대체할 수 없는 훌륭한 존재로서 재인식할 기회를 부여하지 않으면 안된다.

최근 도쿄도 세타가야구(世田谷區)와 나가노현 타카토정(高遠竦)의 주민들을 대상으로 우리들이 실시한 「*산림의식조사」(1988)의 결과에 의하면 세타가야구민이나 타카토정민 모두의

* 과학기술청 자원조사소 「도시주민 및 농촌주민의 녹색자원에 대한 의식조사」로 보고되어 있다.

산림의식에는 체험에 의한 것보다는 지식에 의해 만들어진 관념적인 것이 강하게 나타났다. 즉 세타가야구민이나 타카토정민 모두가 갖고 있는 산림에 대한 의식은 관념적으로 구성된 '이상적 산림상'에 근거하여 만들어지고 있는 것으로 생각되었다.

이것은 "일본인의 마음속에는 전통적으로 이상화되어 있는 모델로서의 자연상이 일종의 패턴이 되어 관념적으로 정착하고 있음을 나타내는 것이다. 이 마음속의 패턴화된 모델로서의 자연상이 끝임없이 '이상의 자연'이라고 할 수 있는 관념적 자연상을 키워왔다. …… 자연에 대한 일본인의 의식은 현실적이지 않다. 현실적이라기보다는 훨씬 관념적이었던 것이 일본인의 전통적 자연관에서 볼 수 있는 현저한 특징으로 일본인의 자연인식이나 자연의식은 관념중의 '이상의 자연'을 오로지 사모하는 것이었다." [니시다(西田正好), 『花鳥風月의 마음』, 신초샤]라고 지적하고 있는 그대로였다.

그러나 현실의 산림과 동떨어진 산림에 대한 의식을 키우게 되면 더욱 산림을 직접적으로 이용하지 않게 되고 한층 더 관념적인 '이상적 산림상' 세계의 구축으로 발전해 간다. 때문에 지금이야말로 산림과 직접 접하고 산림의 실태를 체험에 의해 인식하는 것이 필요하며, 도시에 사는 사람도 산촌에 사는 사람도 모두 체험에 의해 형성된 산림의식을 가져야 하고 산림에 대한 논의가 필요하다.

최근 도시에 사는 사람도 산림에 가는 경우가 많아지고 있다. 이른 봄 신록의 계절이나 단풍의 계절에 드라이브를 나가면 차창으로 보이는 일본의 산림풍경은 대단히 아름답고 「사계화」를 실감시켜 주어 즐겁다. 산림과의 이러한 접촉형태만으로도 대단히 많은 사람들이 만족해 한다. 또한 가미코치(上高地) 등의 유명관광지에 집중적으로 몰려 들어 산림에 접할 수 있었다고 생각하는 사람도 많다. 따라서 가미코치에 오는 대부분의 사람들은 주차장에서 갓파바시(河童橋) 사이를 걸을 뿐이고 아카사와 자연휴양림에 오는 사람들의 대부분도 중앙부 근처에만 머물며 산림 속으로 들어가려 하지 않는다. 이런 기회에 조금이라도 자동차에서 멀리 떨어져 산림의 내부로 들어간다면 더욱 많은 '산림의 은혜'을 얻을 수 있을 것이다.

때문에 최근 각지에서 이루어지고 있는 산림체험의 모임이나 임간학교 등의 참가를 권하고 싶다. 이런 행사들은 전문가와 함께 산림에 접하므로 보다 깊은 체험이 가능하고 산림에 대한 지식도 늘어나기 때문이다. 단지 최근의 산림체험모임에 있어 염려가 되는 것은 애조정신이나 야초애호가 혹은 희귀한 품종을 아는 사람이 아니면 참가할 수 없는 것 같은 분위기이다. 식물이나 동물의 이름을 알기 위해서만이 아닌, 그런 이유에 얽매이지 않으며 산림을 몸으로 접할 수 있는 산림체험의 행사가 늘어나야 한다고 생각한다.

또한 가까운 곳에 원시림은 없지만 비교적 가까운 곳에 있는 잡목림이나 소나무림 등의 이름없는 보통 산림을 찾아가 보는 것도 좋다. 가까운 신사나 사찰 등에도 소규모의 숲이 집단적으로 많이 남아 있다. 산림의 정숙함 속에서 생명의 체취를 느낄 수 있을 것이다. 어떤 형태든 산림을 소유하고 있는 사람은 일요일 등에 밑풀베기 작업이나 간벌 등의 산림작업을 스스로 체험해 보기를 권한다. 그러면 산림이 상쾌한 바람을 통해 여러 가지를 속삭여 줄 것이다.

이처럼 산림과의 접촉방법은 다양한 것으로 어떠한 형태이든지 산림에 직접적으로 접하는 곳에서 산림과 인간의 참된 만남이 시작되는 것이고, 그러한 체험에 기초하는 명확한 산림의식을 갖게 되기를 바라는 것이다.

산림의 無用의 用

다음으로 눈앞의 유용함만에 의한 산림과의 접촉이 아니라 앞으로 당분간 무엇에 유용할까가 불명확하더라도 산림과 접촉해 주기를 권하고 싶다. 실리적으로 되어 버린 현대사회에서 필요없는 일을 하는 것이 대단히 어렵다고 생각되지만 그것은 산림과의 접촉을 위해 필요한 것이고, 인간으로서 살아가는 이상 중요한 것이라고 생각한다. 산림은 인간에게 유용하지만은 않다. 인간에게 커다란 어려움을 주는 면도 갖고 있다. 그러나 그것으로부터 도망쳐서는 안된다. 또한 지금은 유용하지 않더라도 장래에는 유용한 일일지 모르는 것도 있다.

현재도 눈앞의 이익에 관계없이 산림과 관계하려는 사람들이 있다. 앞에서 언급한 고우미정의 '고향의 숲'에 출자한 사람들이 그런 부류이다. 그래서 자신에게 배당된 구역중에 자작나무가 있는 것을 보고 대단히 기뻐한 사람이 있었다는 이야기 등은 참으로 인상적이었다. 또한 산림클럽처럼 스포츠 감각으로 산림과 접촉하려고 하는 사람들도 있다. 너무 어렵게 생각하지 말고 산림의 '無用의 用'을 인정하며 원시림이나 인공림 뿐만 아니라 여러가지 산림과 접촉해 주었으면 한다.

마지막으로 산림과의 단순한 관계가 아니라 복합적이고 나아가서는 종합적인 관계를 권하고 싶다. 현대의 컴퓨터 사회에서 숫자적인 사고력이 강해지는 것은 피할 수 없다. 그러나 그것과 동시에 형태적인 사고(직관·유추·패턴인식 등)의 힘도 배양할 필요가 있다고 생각한다. 아날로그적 사고력을 경시하는 것은 인간의 기본적인 능력을 망각하는 것으로 따라서 인간의 중요한 한 면을 상실하는 것에 연결되며, 그것만으로도 아날로그적 사고력을 높이기 위한 노력이 요청되고 그를 위해서도 산림은 활용되어야 한다고 생각한다.

산림으로부터의 은혜는 산림의 생명활동에 의해 복합적으로 나타나는 것이기 때문에 인간이 그것을 복합적이고 종합적으로 받아들인다면 산림과 공존하는 것 뿐만 아니라 사람들의 아날로그적 사고력도 강해질 것이다.

지금 우리들은 전후의 공업생산 발전에 의해 물질적으로 풍요로운 생활을 누리고 있으며 그러한 경제적 발전 과정 중에서 우리들은 산림을 경시하는 방향으로 걸어왔다. 그러나 지금 돌이켜보면 이성적인 사고에서나 감정적인 면에 있어서나 우리 인간의 생활을 위해서는 자연계의 다양한 생물의 존재가 필요한 것으로 생각되게 되었다. 아울러 미래의 세대를 위해서도 보다 좋은 산림을 남겨주지 않으면 안된다고 생각하게 되었다. 산촌에 사는 사람들은 긍지를 갖고 산림에 접함과 아울러 산림을 유지·관리하며, 도시에 사는 사람들이 그것을 도와주는 것에 의해 비로소 우리들의 산림은 보다 좋아지게 될 것이다.

하여튼 산림은 세계의 보물이다. 지구에 사는 사람들에게 있어서도 산림은 무엇과도 바꿀 수 없는 귀중한 보물임과 동시에 어느 것과도 비교할 수 없는 친구이다. 전후 우리들이 이러한 산림을 방관하는 방향으로 걸어온 것에 대해서는 비정함을 느낀다. 앞으로 산림을 외면하지 말고 벗으로서, 보물로서 활용하지 않으면 안된다.

역자 후기

최근 들어 산림의 존재가 크게 부각되고 있다. 그것은 마치 멀리 있던 산림이 갑자기 가까운 곳으로 공간이동을 한 것 같은 느낌이다. 생활수준의 향상에 따른 생활양식의 변화와 여가시간의 증대가 지금까지 우리가 가지고 있던 산림에 대한 가치관에 새로운 의미를 오버랩시키면서 산림을 더 가까이 다가오게 한 것이다. 물론 이러한 변화의 주된 배경은 환경에 대한 사회적 관심이 고조됨에 따라 산림이 환경문제를 해결하는 궁극적 수단이라는 인식이 커졌기 때문으로 생각된다.

산림은 우리에게 목재, 종실, 버섯, 약재 등을 공급해 줄 뿐만 아니라 동물의 생활 터전이며 깨끗한 물, 맑은 공기, 아름다운 경치를 주고 홍수와 가뭄, 산사태를 막아주는 국토보전기능도 있다는 것은 잘 알려진 사실이다. 우리나라는 산림이 국토의 65%나 차지하는 산림국가이므로 산림의 건강 여하에 따라 국토의 건강이 좌우될 뿐만 아니라, 강·바다의 건강과도 직결되므로 산림을 건강하게 보전하는 일은 대단히 중요한 문제이다. 산에 산림이 없어지면 산에 사는 동물들은 물론 강·바다의 물고기도 사라지게 되며, 인간도 멸망하게 된다. 산림파괴로 초래하게 되는 경고성 교훈으로서 잉카, 마야 문명 등의 이야기 외에도 최근에 발표된 남태평양의 고도(孤島) 이스터 아일랜드의 사례가 있다. 이 섬에서 산림이 사라졌을 때 1,000년이나 계속되었던 이 문명의 모든 것이 고작 수십 년도 안되어 붕괴되어 버렸다. 현재 그 곳에는 거대한 돌조각[石像] 등 일찍이 풍요로웠던 문명사회였음을 보여주는 흔적만 남아 있을 뿐이다.

요즈음 우리 사회의 자연환경에 대한 공감대처럼, 자연은 우리의 것이 아니라 우리 후손에게 물려줄 재산이라는 사고에 대하여 대부분의 사람들이 이의가 없을 것으로 생각한다. 새롭게 각광받고 있는 목재자원의 충실한 공급기반을 다지고 산림이 지닌 공익기능을 고도로 발휘케 해야 한다는 분명한 명제에 대하여, 최근 들어 다양화되고 있는 산림에 대한 사회적 요청에 부응하기 위해 보전과 개발을 어떻게 조화시켜 나아가야 할 것인가 하는 점이 논란의 대상이 되고 있다. 또한, 산림은 이제 푸르러졌으니 내버려 두면 잘 자랄 것이므로 손질을 하지 않아도 된다는 논리를 펴는 경우도 있다. 이는 산림의 무조건적 보전만을 강조한 나머지, 산림벌채는 즉 자연파괴라는 등식적 컨센서스에서 나온 것으로서 재고되어야 한다고 본다. 이는 마치 구슬이 너무 아까워 실에 꿸 생각조차 포기하는 우를 범하고 있는 것과 다름없는 게 아닌가 하는 생각이 들기 때문이다. 산림, 특히 인간이 조성한 산림은 정성스런 손길을 통해서만 건강해지며, 이에 따라 지니고 있는 다양한 기능들도 높아지는 것이다.

그러나 지금 우리에게 전달되고 있는 산림의 의미와 가치는 과연 올바른 것일까? 혹시나 매스컴이라는 거대한 프리즘을 통하여 산림의 색깔을 보고 있는 것은 아닐까? 이러한 우려를 갖게 하는 이유는 방송이나 신문을 통하여 접하게 되는 산림에 대한 뉴스나 기사의 대부분이 산림벌채, 산림파괴, 자연훼손 등과 같이 존재하였던 산림이 없어졌을 때만 다루어지지 않는가 하는 생각이 들기 때문이다.

어떤 분야이든 그 분야에 대한 사회적 가치관에 큰 혼란이 오게 되면 그 분야의 전문가는 그 분야에 대한 새로운 비전을 제시해야 할 책무를 갖는다고 생각한다. 우리들이 이 책을 번역하여 독자 앞에 내놓는 것은 산림이 우리 인간에게 부여하는 새로운 가치는 무엇일까 하는 시의적 의문에 대하여, 일본학자의 경험 및 시각을 통해 제시된 비전을 타산지석으로 삼아 산림의 의미와 가치를 새롭게 하여 앞으로 산림을 어떻게 다루어 가야 할 것인가 하는 방향을 같이 찾고자 함이다. 아울러 이러한 것을 통하여 앞으로 산림을 어떻게 대해야 할지 그 새로운 가치관과 방법론을 발견할 수 있게 되기를 기대한다.

정용호·박찬우

찾아보기

인간에게 있어 산림이란 무엇인가
— 황폐를 막고 재생의 길을 찾는다 —

1995년 12월 20일 인쇄
1996년 1월 1일 발행

옮긴이 정용호·박찬우
펴낸이 손영일
펴낸곳 전파과학사
서울시 서대문구 연희2동 92-18
TEL. 333-8877·8855
FAX. 334-8092
1956. 7. 23. 등록 제10-89호

공급처 : 한국출판 협동조합
서울시 마포구 신수동 448-6
TEL. 716-5616~9
FAX. 716-2995

· 파본은 구입처에서 교환해 드립니다.
· 정가는 커버에 표시되어 있습니다.

ISBN 89-7044-009-7 03520